JN272205

第2種 放射線取扱主任者 実戦問題集

福井 清輔 編著

弘文社

まえがき

　本書は，第 2 種放射線取扱主任者の資格取得を目指される方が，実戦的な問題を解いて学習し，あるいは実力評価をすることができることを目的として用意した問題集です。

　過去に実際に出題された問題のうち，最近のものをランダムに配列して 3 回分の実試験形式にまとめています。

　過去問をできるかぎり丁寧にわかりやすく解説しているため，これまでの学習の成果を試したい方や，試験本番に備えて実戦的な問題に挑戦してみたい方に最適です。

　本書を活用されて，皆様が栄冠を勝ち取られることを願ってやみません。

著者

目　次

第 2 種放射線取扱主任者受験ガイド　　　　　　　　　　　　　　5
本書に取り組む前に　　　　　　　　　　　　　　　　　　　　　8

第 1 回 問題
　管理技術Ⅰ …………………………………………………… 10
　管理技術Ⅱ …………………………………………………… 22
　法令 …………………………………………………………… 29

第 2 回 問題
　管理技術Ⅰ …………………………………………………… 44
　管理技術Ⅱ …………………………………………………… 55
　法令 …………………………………………………………… 63

第 3 回 問題
　管理技術Ⅰ …………………………………………………… 76
　管理技術Ⅱ …………………………………………………… 87
　法令 …………………………………………………………… 95

解答一覧　　　　　　　　　　　　　　　　　　　　　　　108

第 1 回 解答解説
　管理技術Ⅰ …………………………………………………… 114
　管理技術Ⅱ …………………………………………………… 126
　法令 …………………………………………………………… 139

第 2 回 解答解説
　管理技術Ⅰ …………………………………………………… 153
　管理技術Ⅱ …………………………………………………… 164
　法令 …………………………………………………………… 176

第 3 回 解答解説
　管理技術Ⅰ …………………………………………………… 190
　管理技術Ⅱ …………………………………………………… 201
　法令 …………………………………………………………… 212

第2種放射線取扱主任者受験ガイド

※本項記載の情報は変更される可能性もあります。
必ず試験機関に問い合わせて確認してください。

放射線取扱主任者

　放射線取扱主任者は，放射性同位元素による放射線障害に関する法律（放射線障害防止法）に基づく資格で，放射性同位元素あるいは放射線発生装置を取り扱う場合において，放射線障害の防止に関し監督を行う立場となります。この資格を取得された方は，放射線に関する基礎知識や専門知識を持った専門家として評価されますので，さまざまな分野で活躍されることが期待されます。

受験資格

　学歴，性別，年齢，経験などの制限は，一切ありません。

試験課目と試験時間等

　試験は1日のうちに実施されます。

課目	問題数と試験時間	問題形式
注意事項，問題配布	9:40～10:00	―
管理技術Ⅰ	5問（105分） 10:00～11:45	穴埋め（選択肢あり）
注意事項，問題配布	13:20～13:30	―
管理技術Ⅱ	30問（75分） 13:30～14:45	五肢択一
注意事項，問題配布	15:20～15:30	―
法令	30問（75分） 15:30～16:45	五肢択一

　この表からわかるように，105分の試験では6問，75分の試験では30問が出題されます。105分の試験では1問がそれぞれ複数の小問題に分かれ，主に与えられた選択肢から選ぶ形式となっています。これに対して，75分の試験の30問は基本的に五肢択一の形式で，1問あたり平均で2.5分が与えられています。

　いずれにしても，十分に余裕のある試験時間とはいえないと思われますので，できる問題を早めに片づけて，難しい問題により多くの時間を使うことができるように工夫することも重要な受験技術といえるでしょう。

試験日

例年，8月下旬の1日 ※変更される可能性もあります。

試験地

札幌，仙台，東京，名古屋，大阪，福岡の6ヶ所

受験の申込み

●受験申込書の入手
窓口で入手する方法と郵送によるものとがあります。
●主な窓口（入手先）

窓口	住所と電話番号
（公財）原子力安全技術センター 防災技術センター	〒039-3212 青森県上北郡六ヶ所村大字尾駮字野附1-67 電話：0175-71-1185
東北放射線科学センター	〒980-0021 仙台市青葉区中央2-8-3 大和証券仙台ビル10階 電話：022-266-8288
（独）日本原子力研究開発機構 東海研究開発センター リコッティ	〒319-1118 茨城県那珂郡東海村舟石川駅東3-1-1 電話：029-306-1155
（一社）日本原子力産業協会	〒105-8605 東京都港区虎ノ門1-2-8 虎ノ門琴平タワー9階 電話：03-6812-7141
中部原子力懇談会	〒460-0008 名古屋市中区栄2-10-19 名古屋商工会議所ビル6階 電話：052-223-6616
（株）紀伊國屋書店梅田本店	〒530-0012 大阪市北区芝田1-1-3 阪急三番街 電話：06-6372-5821

● 提出書類
　１．受験申込書一式
　・放射線取扱主任者試験受験申込書　　　　・写真票
　・資格調査票　　　　　　　　　　　　　　・郵便振替払込受付証明書
　２．写真
　写真票に添付，申込者本人のみのもので，申込前１年以内に脱帽，無背景，正面を向き，上半身で撮影した縦4.5cm×横3.5cmのもの
● 受付期間
　４月に官報で告示して，５月中旬〜６月下旬
● 送り先
　・公益財団法人　原子力安全技術センター　主任者試験グループ
　　〒112-8604　東京都文京区白山５−１−３−101　東京富山会館ビル４階
　　電話：03-3814-7480
　・公益財団法人　原子力安全技術センター　西日本事務所
　　〒550-0004　大阪府大阪市西区靭本町１−８−４　大阪科学技術センター３階
　　電話：06-6450-3320

受験料

9,900円　※変更される可能性もあります。

合格基準

● 試験課目ごとに50%　　　　● 全試験課目合計で60%

合格発表

　・10月下旬の官報　　・合格者に合格証の交付（不合格者には通知がありません）
　・原子力規制委員会のホームページ　http：//www.nsr.go.jp
　・（公財）原子力安全技術センターのホームページ　http：//www.nustec.or.jp

本書に取り組む前に

　放射線取扱主任者試験に限らず，どの資格試験でもあきらめずにあくまでも続けて頑張る必要があります。「継続は力なり」といわれますが，まさにその通りです。こつこつと努力されれば，遅くとも確実に実力がつきます。頑張っていただきたいと思います。

　試験まで時間がある場合には長期的な計画のもとに，試験の直前にはそれに合わせて短期間で頑張っていただきたいと思います。

　放射線取扱主任者試験に合格される方は，当たり前ではありますが，「60％以上の問題を正解される方」です。合格されない方は，「60％の問題の正解を出せない方」です。

　合格される方の中には，「すべてを理解してはいなくても，平均的に約60％以上の問題について正解が出せる方」が含まれます。逆にいうと，約40％は正解が出せなくても合格できるのです。多くの合格者がこのタイプといっても過言ではないでしょう。

　合格されない方の中には，「高度な理解力をお持ちであっても，100％を理解しようとして途中で学習を中断される方」も含まれます。優秀な学力をお持ちの方で，受験に苦労される方がときにおられますが，およそこのようなタイプの方のようです。

　いずれにしても，試験勉強はたいへんです。その中で，最初から「すべてを理解しよう」などとは思わずに，少しでも時間があれば，１問でも多く理解し，１問でも多く解けるように努力されることがベストであろうと思います。

　なお，本書では次の略号を使っています。
法：放射線障害防止法
令：放射線障害防止法施行令
則：放射線障害防止法施行規則
告：放射線を放出する同位元素の数量等を定める件

※本書は，過去に出題された問題を，試験実施機関のご協力のもと使用許諾を得た上で掲載しております。ただし，現行の法令に適合させるために修正を加えている箇所もあります。

第1回 問題

問題数と試験時間を次に示します。解答にかけられる時間は、管理技術Ⅰが1問あたり平均21分、管理技術Ⅱと法令が1問あたり平均2.5分となっています。時間配分に注意して、難しいと思われる問題にできるだけ時間を充てられるようにしましょう。

問題数と試験時間

課目	問題数	試験時間
管理技術Ⅰ	5問	105分
管理技術Ⅱ	30問	75分
法令	30問	75分

解答一覧　　P.108
解答解説　　P.114

管理技術 I

問1 次のI～Ⅲの文章の____の部分に入る最も適切な語句，記号又は数値を，それぞれの解答群から1つだけ選べ。なお，解答群の選択肢は必要に応じて2回以上使ってもよい。

I　細胞が電離放射線によって照射されると，細胞のDNAに損傷が生じ，突然変異，細胞死などが誘発される。細胞死は放射線による様々な　A　影響を引き起こすが，細胞死の原因損傷は主としてDNAの　B　であると考えられている。放射線が細胞死を引き起こす性質を利用して，がんの放射線治療が行われている。放射線治療では，治療効果に関わる因子として照射条件やがん細胞の　C　などが挙げられる。がん細胞は，それぞれ固有の　C　を持ち，また，その値はがん細胞の置かれた環境によっても大きく変わることが知られている。例えば，腫瘍血管から離れると酸素が十分供給されなくなり，低酸素細胞となる。一般に，酸素存在下で放射線照射された場合，低酸素下で照射された場合に比べ　C　が高まる。この現象は酸素効果という。酸素効果の程度はOERで表され，X線，γ線のOERは　D　である。

＜A～Dの解答群＞

1	確率的	2	確定的	3	塩基損傷
4	1本鎖切断	5	2本鎖切断	6	架橋形成
7	放射線感受性	8	突然変異誘発頻度	9	1～2
10	2.5～3	11	5～10		

Ⅱ　電離放射線の生物作用の様式には　E　作用と　F　作用がある。放射線はLETが異なると　G　が同じでも放射線損傷の質や程度が異なることが知られている。高LET放射線の生物作用は，低LET放射線に比べて　F　作用の寄与が大きくなる。RBEは　H　やγ線を基準として求めるが，細胞致死のRBEとLETの関係は，一般的に図Aの　ア　のようになる。また，設問Iで述べたOERとLETの関係は図Bの　イ　のようになる。さらに，高LET放射線の生物作用には，回復の程度が　I　，細胞周期依存性が　J　といった特徴がある。

＜E～Jの解答群＞

1	線阻止能	2	質量阻止能	3	吸収線量
4	相加	5	相乗	6	間接
7	直接	8	小さい	9	大きい

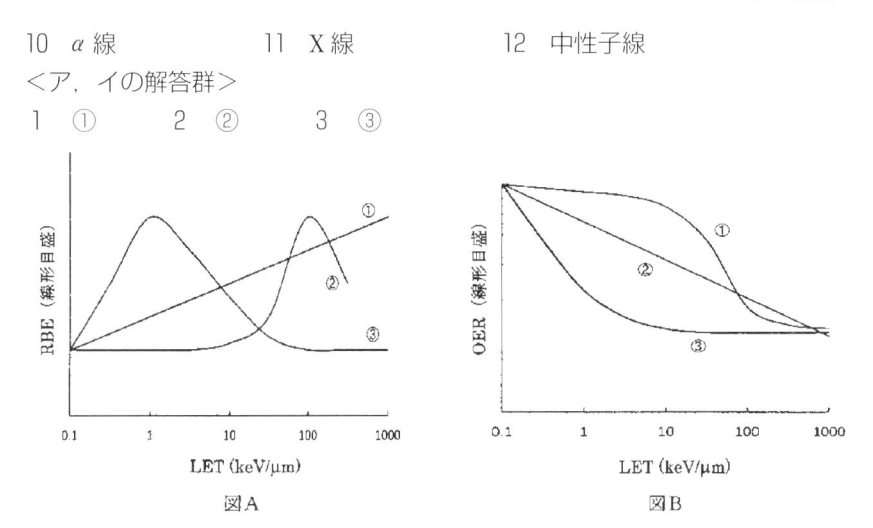

10 α線　　　　11 X線　　　　12 中性子線
<ア，イの解答群>
1 ①　　　2 ②　　　3 ③

図A
図B

III がんの治療にはX線以外にも様々な放射線が使われている。陽子線は，体内に入っても浅いところでのエネルギー付与は小さく，ある程度入ったところでエネルギー付与が大きくなり，その部位に大きな線量を与える　K　を形成する。そのため，病巣に線量を集中でき，正常組織への障害を大きく軽減することに寄与している。

　　L　は，設問IIで述べた高LET放射線の生物学的特徴と，　K　を作るといった物理的特徴を持っており，がん治療に大きく期待されている。

　また，　M　中性子は原子核に吸収されやすく，中性子捕捉療法として　N　などの治療に使われている。この治療では，　ウ　は　M　中性子に対する核反応断面積が非常に大きいことから，　ウ　を含み，腫瘍に集積する化合物を患者に投与する。中性子を吸収した　ウ　からα線と　エ　反跳核が放出され，これらの放出された粒子でがん細胞を照射する治療法である。

<K～Nの解答群>
1 電子線　　　　2 γ線　　　　3 中性子線
4 重粒子線　　　5 X線　　　　6 紫外線
7 ブラッグピーク　8 全吸収ピーク　9 サムピーク
10 白血病　　　　11 脳腫瘍　　　12 胃がん
13 速　　　　　　14 熱

<ウ，エの解答群>
1 ^3H　　2 ^7Li　　3 ^{10}B　　4 ^{14}C　　5 ^{18}O

6　^{18}F

問2 次のⅠ～Ⅲの文章の□□□の部分に入る最も適切な語句，記号又は数値を，それぞれの解答群から1つだけ選べ。

Ⅰ　われわれは自然界に存在する放射線や放射性核種によって常に被ばくしている。また，その一方で，放射性同位元素を利用した機器が様々な分野で使用されており，現代社会において欠かせないものとなっている。

　日常生活での内部被ばくに寄与する代表的な天然放射性核種としては，□ア□とその子孫核種（壊変生成核種）や，^{40}Kがあげられる。これら核種による年間の内部被ばく線量（世界平均）は，前者によるものが□イ□mSv，後者によるものが0.17mSvと報告されている。

　□ア□は，□A□系列に属する放射性核種で，常温では□B□状で存在する。また，□ア□は約3.8日の半減期で□C□壊変し，壊変により質量数が□D□。

　^{40}Kはカリウム同位体の約0.012%を占めており，野菜などの摂取によって人の体内に取り込まれ，体内では□E□している。また，^{40}Kは分岐壊変する核種であり，約89%がβ⁻壊変により^{40}Caとなり，約11%が□F□により^{40}Arとなる。

＜A～Cの解答群＞
1　ウラン　　2　トリウム　　3　アクチニウム　　4　気体　　5　液体
6　固体　　7　α　　8　β⁻　　　　　　　9　β⁺

＜Dの解答群＞
1　4増える　2　2増える　3　1増える　4　変わらない
5　1減る　6　2減る　7　4減る

＜Eの解答群＞
1　骨に集積　　　2　肝臓に集積　　3　全身に分布

＜Fの解答群＞
1　β⁺壊変　　　2　EC壊変　　　3　核異性体転移

＜ア，イの解答群＞
1　^{219}Rn　　2　^{220}Rn　　3　^{222}Rn　　4　^{223}Rn　　5　^{224}Ra
6　^{226}Ra　　7　^{232}Th　　8　^{235}U　　9　^{238}U　　10　0.12
11　0.24　　12　1.2　　13　2.4

Ⅱ　日常生活での外部被ばくに寄与する代表的な放射線としては，地殻起源の

核種からの放射線や，宇宙線があげられる。これら放射線による年間の外部被ばく線量（世界平均）は，前者によるものが　ウ　mSv，後者によるものが0.38mSv と報告されている。

　地殻起源の核種からの放射線による外部被ばくには，土壌中や建材中に含まれるウラン系列核種，トリウム系列核種及び⁴⁰Kからの　G　が主に寄与している。

　宇宙線による外部被ばくには，宇宙線による大気中の原子核の　H　反応に伴って発生した二次宇宙線（電子，光子，中性子，ミューオンなど）が寄与しており，それらによる被ばく線量は基本的に標高の高い場所ほど　I　くなる。また，宇宙線に起因する核反応により，大気中では³H，⁷Be，　エ　などの誘導放射性核種が生成されている。このうち　エ　は，大気中に広く分布し，半減期が約　オ　年と長いことから，考古学試料などの年代測定に利用されている。

<G～Iの解答群>
1　特性X線　2　γ線　3　中性子線　4　核破砕　5　核融合
6　核分裂　7　高　8　低

<ウ～オの解答群>
1　0.48　2　0.78　3　1.0　4　2.4　5　¹¹C
6　¹³C　7　¹⁴C　8　430　9　1,600　10　5,700
11　10,000

Ⅲ　放射性同位元素を利用した機器は，様々な用途で使用されており，放射線の種類やエネルギーなどを考慮し，目的に適した放射性同位元素が装備されている。

　エレクトロン・キャプチャ・ディテクタ（ECD）ガスクロマトグラフは，　J　線によるキャリアガスのイオン化を利用し，電流の変化からPCBなどの電子親和性化合物を高感度で検出（定量）する。本装置では一般的に，線源には　カ　を用い，キャリアガスには窒素を用いている。

　厚さ計は，放射線の吸収や散乱の差を利用して厚さを測定するもので，測定対象物によって利用される線種や線源が異なる。使用許可・届出台数を比較してみると，β線を利用した厚さ計では線源に　キ　や¹⁴⁷Pmを用いた機器が多く，γ線を利用した厚さ計では線源に　ク　や¹³⁷Csを用いた機器が多い。また，厚さ計には主に透過型と散乱型があるが，β線を利用した厚さ計は，　K　存在する。なお，放射線の吸収や散乱を利用した機器は厚さ計以外にも幅広く使用されており，多くの機器はβ線やγ線を利用しているが，

L　のように中性子線を利用している機器もある。

＜J～Lの解答群＞
1　低エネルギーβ　　2　高エネルギーβ　　3　低エネルギーγ
4　高エネルギーγ　　5　透過型のみ　　　　6　散乱型のみ
7　両方とも　　　　　8　密度計　　　　　　9　レベル計
10　水分計　　　　　11　たばこ量目制御装置

＜カ～クの解答群＞
1　^{60}Co　　2　^{63}Ni　　3　^{85}Kr　　4　^{192}Ir　　5　^{204}Tl
6　^{241}Am

問3 次のⅠ～Ⅲの文章の　　　　の部分に入る最も適切な語句又は数値を，それぞれの解答群から1つだけ選べ。

　ある事業所では，新しく開発したγ線測定器に関する性能試験を実施するとともに，校正に用いる照射設備の見直しを行っている。

　事業所内には2.0×10^2 MBqの^{137}Cs密封線源（線源A）を有するγ線照射施設がある。本施設はコンクリート壁（厚さ30cm）によって照射室，操作室および予備室に区画されており，現在，照射室のみが管理区域に設定されている。線源Aは照射室内のシャッター付き容器（容器，シャッターともに鉛厚さ6cm）の中に保管されており，シャッターの開閉は操作室からの遠隔操作によって行われる。γ線の照射は，照射室に人が居ないことを確認してから行われ，また，線源から50cm以内は人がみだりに立ち入らないよう柵が設けられている。

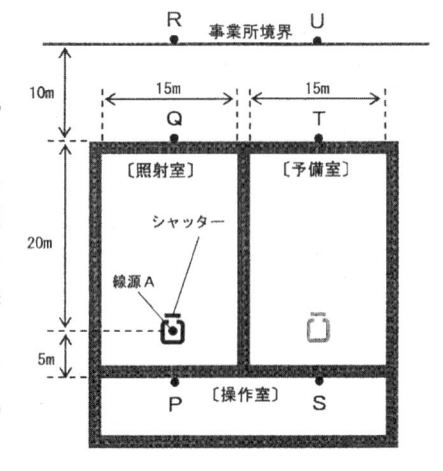

　評価条件は以下に示すとおりとする。
・容器の照射口は十分にコリメートされており，散乱線の影響は考えない。
・照射室での評価時間は，人が常時立ち入る場所の評価では40時間／週，管理区域境界の評価では500時間／3月，事業所境界の評価では2,184時間／3月とする。
・計算には下表を用いるものとする。

核種	実効線量率定数 [$\mu Sv \cdot m^2 \cdot MBq^{-1} \cdot h^{-1}$]	実効線量透過率	
		鉛6cm	コンクリート30cm
^{137}Cs	7.8×10^{-2}	1.8×10^{-3}	8.4×10^{-2}

Ⅰ 照射室でγ線測定器の相対基準誤差試験を行う場合，照射距離を0.5〜15mの範囲に設定できるため，実効線量の算出で最小 A $\mu Sv \cdot h^{-1}$から最大 B $\mu Sv \cdot h^{-1}$とみなせるγ線を照射することができる。

一方，照射室内の人が立ち入る場所における線源保管時の1時間当たりの最大実効線量（評価地点：線源からの距離50cm）は C $\mu Sv \cdot h^{-1}$となり，法令に定める線量限度（ ア mSv／週）を超えない。また，管理区域境界及び事業所境界における1時間当たりの実効線量は下表のようになり，これらの値は法令に定める実効線量（管理区域の境界における実効線量： イ mSv／3月，事業所の境界における実効線量： ウ μSv／3月）を超えない。

評価項目	評価地点	1時間当たりの実効線量 [$\mu Sv \cdot h^{-1}$]	
		線源使用時（照射時）	線源保管時
管理区域境界	P	D	D
	Q	E	G
事業所境界	R	F	H

<A〜Hの解答群>
1 2.6×10^{-6} 2 5.9×10^{-6} 3 3.8×10^{-5}
4 7.9×10^{-5} 5 9.4×10^{-5} 6 1.2×10^{-4}
7 1.5×10^{-3} 8 3.3×10^{-3} 9 4.5×10^{-3}
10 2.8×10^{-2} 11 6.9×10^{-2} 12 1.1×10^{-1}
13 3.3×10^{0} 14 1.3×10^{1} 15 6.2×10^{1}

<ア〜ウの解答群>
1 0.25   2 0.5   3 1.0   4 1.2   5 1.3
6 2.4   7 100   8 250   9 300   10 500

Ⅱ 開発したγ線測定器は高線量率の作業環境下での使用も視野に入れており，定期的な校正も考慮すると，より高い線量率で照射できるよう設備を見直す必要がある。そこで，予備室内に照射室と同じ構造の照射設備を整備し，管理区域に設定した上で1.0×10^5 MBq の^{137}Cs密封線源（線源B）を装備する計

画を立てた。

予備室に新しく設備を整備した場合，照射できる線量率の最大値は，照射室の ⬚ I ⬚ 倍となる。

一方，予備室内の人が常時立ち入る場所における作業者の最大実効線量は，線源 B のみを考慮した場合であっても ⬚ J ⬚ mSv／週となり，法令に定める線量限度を超えてしまうため，利用時間を制限する必要がある。そこで予備室内に利用期間中滞在したとしても線量限度を超えないよう，1 日の利用時間を最大 8 時間，1 週間の利用日数を最大 ⬚ エ ⬚ 日とした。このとき，線源 B による最大実効線量は，管理区域境界で ⬚ K ⬚ mSv／3 月，事業所境界で ⬚ L ⬚ μSv／3 月となり法令に定める実効線量を超えない。ただし，照射時間は 3 月当たり ⬚ エ ⬚ × 8 ×13 時間とする。

線源 A による最大実効線量と線源 B による最大実効線量を足し合わせた値は，法令に定める実効線量を下回ることを確認し，予定通り本計画を進めた。

＜I〜L の解答群＞

1 2.2×10^{-2}　　　2 7.8×10^{-2}　　　3 1.5×10^{-1}
4 3.4×10^{-1}　　　5 5.6×10^{-1}　　　6 6.8×10^{-1}
7 1.1×10^{0}　　　8 1.5×10^{0}　　　9 2.2×10^{0}
10 4.8×10^{0}　　　11 5.0×10^{1}　　　12 1.5×10^{2}
13 2.4×10^{2}　　　14 5.0×10^{2}　　　15 5.0×10^{3}

＜エの解答群＞

1 1　　　2 2　　　3 3　　　4 4

Ⅲ　開発した測定器を現場で利用するにはエネルギー特性や方向依存性なども確認しておく必要があるため，数種類の γ 線源を備えた照射施設を有する事業者に試験を依頼した。

依頼された事業者において ^{241}Am 線源を用いた試験を実施していたところ，何らかの要因により照射装置が故障し，照射状態のままになってしまったため，次のような被ばく管理を行った上で原因調査及び復旧作業を行うことになった。

作業に伴う被ばく線量を下げるため，作業者は体幹部を覆う鉛入り防護衣を着用することとした。しかし，防護衣の着用により不均等被ばくが生じるため，蛍光ガラス線量計を胸部（防護衣の ⬚ M ⬚ 側）と頚部にそれぞれ装着し，次式により実効線量 E を評価することとした。

$$E = 0.11 \cdot H_a + 0.89 \cdot H_b$$

ここで，H_a は頚部に装着した線量計から得た ⬚ N ⬚ の値，H_b は胸部に装

着した線量計から得た　N　の値である。係数の"0.11"及び"0.89"は組織加重係数を考慮して定められた値である。

また，過度の被ばくを防止するため，アラームメータを胸部の線量計と同じ箇所に装着することとした。警報設定値は，作業上の被ばく線量の計画値である1 mSvを十分下回るように，実効線量Eが0.6 mSvとなる値として　オ　mSvに設定した。ただし，鉛入り防護衣によってγ線による　N　は1／3に下がるものとする。

なお，本作業における外部被ばく源は^{241}Am線源であったが，^{60}Co線源であった場合，防護衣の着用による外部被ばくの低減効果は^{241}Am線源の場合と比べて　O　。

<M〜Oの解答群>

1	内	2	外	3	70μm線量当量	4	3mm線量当量
5	1cm線量当量	6	実効線量	7	大きくなる		
8	小さくなる	9	変わらない				

<オの解答群>

1	0.20	2	0.33	3	0.49	4	0.54	5	0.60
6	0.73	7	0.84	8	1.0				

問4 次のⅠ〜Ⅲの文章の□□□の部分に入る最も適切な語句，数値又は数式を，それぞれの解答群から1つだけ選べ。

Ⅰ　表面汚染の測定や線量当量率の測定に，様々な種類のサーベイメータが用いられている。例えば，α核種の汚染測定用として　A　式があり，β核種の汚染測定用として　B　式があり，中性子線の線量当量率測定用として減速材を組み込んだ　C　式があり，γ（X）線の線量当量率測定用として　D　式，GM管式，NaI（Tl）シンチレーション式などがある。

このうち，　A　式サーベイメータの特徴の1つは，γ線に対して感度が　E　ことであり，このためバックグラウンド計数率は通常　F　cpm程度である。また，検出窓は破損しやすく，微小な破損で指示値が　G　するので，その取扱いには十分な注意が必要である。

一方，　B　式サーベイメータの特徴の1つは，　H　時間が長いので計数の数え落としが問題となる点である。入射した放射線により　I　すると，中心電極を包むように　J　の鞘が残され，中心付近の　K　が小さくなり，次の放射線による　I　が起こらないことによるものである。例えば，　H　時間が250μsのサーベイメータにおいて指示値12,000 cpmが得ら

れたとき，真の値の L ％が数え落とされていることになる。

＜A〜Dの解答群＞
1 電離箱　　　2 放電箱　　　3 ZnS（Ag）シンチレーション
4 MOSFET　　5 高純度Ge半導体
6 GM管　　　7 固体飛跡検出器　　8 ³He比例計数管

＜E〜Gの解答群＞
1 低い　　　2 高い　　　3 0〜3　　4 10〜20　　5 40〜80
6 100〜150　7 低下　　　8 上昇

＜H〜Kの解答群＞
1 遅延　　　2 分解　　　3 減衰　　　4 緩和　　　5 励起
6 発光　　　7 放電　　　8 陽イオン　9 陰イオン　10 二次電子
11 電気抵抗　12 磁場　　　13 電場　　　14 静電容量

＜Lの解答群＞
1 2.5　　　2 3.0　　　3 3.5　　　4 4.0　　　5 5.0
6 6.0　　　7 8.0　　　8 10

Ⅱ　サーベイメータの指示値の統計誤差（標準偏差）は，計数率計の時定数に依存している。例えば，時定数10sのサーベイメータで300cpmの計数率が得られたとすると，この計数率の統計誤差（標準偏差）は M cpmとなる。なお，時定数（τ）とは，計数率計回路のコンデンサの静電容量（C）と並列抵抗の抵抗値（R）とから，$\tau =$ N で求められる値である。

　また，計数率計にはこのような時定数が存在するため，放射線場が急激に強くなっても，すぐには最終指示値が得られない。時定数10sのサーベイメータでは，初めの指示値が0であるとき，最終指示値の90％に達するのに， O sを要する。ただし，ln10 = 2.3とする。

＜M〜Oの解答群＞
1 15　　　2 19　　　3 23　　　4 27　　　5 30
6 35　　　7 38　　　8 40　　　9 44　　　10 48
11 R/C　12 C/R　13 RC　14 R/C^2　15 C/R^2

Ⅲ　サーベイメータの感度は一般的にγ線エネルギーによって変化する。したがって，校正時と異なるエネルギーのγ線による線量当量率を測定する場合は，指示値に校正定数（真の値／指示値）を乗じる必要がある。例えば，¹³⁷Csを用いて校正されたGM管式サーベイメータで⁶⁰Coによる線量当量率を測定する場合，乗ずる校正定数は，一般的に，1より P い。

サーベイメータの感度はγ線の入射方向によって変化する。GM管式サーベイメータでは，検出器の前面よりも側面方向から入射するγ線に対して感度が Q くなる。これには，管壁での R が主に関わっている。

サーベイメータの特性は時間とともに変化する可能性があり，定期的に校正することが望ましい。数え落としの無視できる，ある線量当量率測定用サーベイメータを，3.7GBqの^{137}Csγ線を用い，2m離れた地点で校正することとした。^{137}Csに対する1cm線量当量率定数を$0.093\mu Sv \cdot m^2 \cdot MBq^{-1} \cdot h^{-1}$とし，周囲の物質による散乱はないと仮定すると，この地点の1cm線量当量率は S $\mu Sv \cdot h^{-1}$ となる。一方サーベイメータの指示値は$82\mu Sv \cdot h^{-1}$であった。このことより，このサーベイメータの校正定数は T と評価された。なお，校正を行った地点のバックグラウンド放射線による線量当量率は無視することができた。

<Pの解答群>
1 小さ　　　2 大き

<Q，Rの解答群>
1 低　　　2 高　　　3 γ線のしゃへい　　　4 二次電子の放出

<S，Tの解答群>
1 72　　2 77　　3 81　　4 86　　5 90
6 94　　7 0.88　　8 0.94　　9 0.99　　10 1.05
11 1.10　　12 1.15

問5 次のⅠ～Ⅲの文章の　　　の部分に入る最も適切な語句又は数値を，それぞれの解答群から1つだけ選べ。

Ⅰ　放射性壊変に伴って，核種の原子番号や質量数に変化が生ずる場合がある。下表を完成せよ。

壊変形式	原子番号の変化	質量数の変化
A	－2	E
B	－1	0
C	0	0
D	＋1	0
β^-壊変	－1	F

<A～Dの解答群>
1　α壊変　　　2　β⁻壊変　　　3　軌道電子捕獲　　　4　核異性体転移
5　自発核分裂
<E，Fの解答群>
1　−5　　　2　−4　　　3　−3　　　4　−2　　　5　−1
6　0　　　7　+1　　　8　+2

II　放射性同位元素は，線源として機器に装備され，工業分野などで利用されている。線源に利用される核種とその利用に関して，下表を完成せよ。

核種	半減期	利用する放射線	利用機器
^{63}Ni	G	I	L
^{192}Ir	H	J	非破壊検査装置
^{252}Cf	2.65年	K	M

<G, Hの解答群>
1　14.3日　　2　73.8日　　3　138日　　4　5.27年　　5　28.7年
6　30.0年　　7　100年　　8　432年
<I～Kの解答群>
1　α線　　　2　β線　　　3　γ線　　　4　特性X線　　5　中性子線
<L, Mの解答群>
1　厚さ計　　2　レベル計　　3　ガスクロマトグラフ　　4　硫黄計
5　水分計

III　計数装置を用いて試料を20分間測定した結果，6400カウントであった。この測定値の計数率は　N　cpmであり，その標準偏差は　O　cpmである。この計数装置のバックグラウンド計数率が40±2 cpmである場合，試料の正味の計数率は　P　cpmであり，正味の計数率の標準偏差は　Q　cpmである。正味の計数率の相対標準偏差は　R　%である。
<Nの解答群>
1　80　　2　110　　3　160　　4　320　　5　640
<Oの解答群>
1　0.9　　2　2　　3　4　　4　20　　5　80
<Pの解答群>
1　40　　2　70　　3　120　　4　280　　5　600

＜Qの解答群＞
1 2.0   2 2.4   3 3.5   4 4.5   5 6.0
＜Rの解答群＞
1 1.1   2 1.6   3 2.1   4 3.2   5 4.2

管理技術 II

次の各問について，1から5までの5つの選択肢のうち，適切な答えを1つだけ選びなさい。

問1 次の量と単位の関係のうち，正しいものの組合せはどれか。
A　カーマ　　　　　－　　J・m^{-2}
B　LET　　　　　　－　　μm・keV^{-1}
C　吸収線量　　　　－　　J・kg
D　粒子フルエンス　－　　m^{-2}
1　ACDのみ　　2　ABのみ　　3　BCのみ　　4　Dのみ
5　ABCDすべて

問2 次の核種のうち，主としてα壊変を行う核種の組合せはどれか。
A　^{226}Ra　　B　^{238}U　　C　^{241}Am　　D　^{252}Cf
1　ABCのみ　　2　ABDのみ　　3　ACDのみ　　4　BCDのみ
5　ABCDすべて

問3 壊変に伴い放出される放射線について，エネルギーが線スペクトルを示すものの組合せは，次のうちどれか。
A　α線　　B　β線　　C　γ線　　D　内部転換電子
E　核分裂中性子
1　ABCのみ　　2　ABEのみ　　3　ACDのみ　　4　BDEのみ
5　CDEのみ

問4 次の粒子の静止質量を比べる関係式のうち，正しいものの組合せはどれか。
A　電子　　　＝　　陽電子
B　電子　　　＞　　ニュートリノ
C　陽子　　　＞　　中性子
D　α粒子　　＝　　ヘリウム原子
1　AとB　　2　AとC　　3　BとC　　4　BとD　　5　CとD

問5 土壌中に含まれる^{134}Csと^{137}Csの放射能が同じであった場合，1年後の放射能比（^{134}Cs/^{137}Cs）として最も近い値は次のうちどれか。ただし，

^{134}Cs の半減期は2年とする。
1 0.6   2 0.7   3 0.9   4 1.2   5 1.4

問 6　^{60}Co の γ 線と鉄との相互作用について，原子断面積の大きい順に正しく並んでいるものは，次のうちどれか。
1　光電効果　　　　＞　コンプトン効果　　＞　電子対生成
2　コンプトン効果　＞　光電効果　　　　　＞　電子対生成
3　電子対生成　　　＞　光電効果　　　　　＞　コンプトン効果
4　光電効果　　　　＞　電子対生成　　　　＞　コンプトン効果
5　コンプトン効果　＞　電子対生成　　　　＞　光電効果

問 7　電子線と物質との相互作用に関する次の記述のうち，正しいものの組合せはどれか。
A　電子線のエネルギー損失は，主に原子核との相互作用により起きる。
B　同じエネルギーの電子でも，物質が異なれば，到達する深さは異なる。
C　衝突阻止能は，電子線のエネルギーが高いほど大きい。
D　制動放射線は，プラスチックよりも鉄の方が発生しやすい。
1　A と B　　2　A と C　　3　B と C　　4　B と D　　5　C と D

問 8　放射線の相互作用に関する次の記述のうち，正しいものの組合せはどれか。
A　ある物質を電離するのに必要なエネルギーは，励起するのに必要なエネルギーよりも大きい。
B　気体の W 値は，ほとんどの気体で10keV よりも大きい。
C　コンプトン効果で散乱された光子の波長は，入射した光子の波長よりも長い。
D　クライン－仁科の式は，光電効果の確率（微分断面積）を表している。
1　A と C　　2　A と D　　3　B と C　　4　B と D　　5　C と D

問 9　GM 管式サーベイメータで計数率を測定したところ，12000cpm であった。このサーベイメータの分解時間を100μs とすると，真の計数率（cpm）として最も近いものは，次のうちどれか。
1　12100　　2　12250　　3　12500　　4　12750　　5　13000

問 10　ある試料を5分間測定したとき，計数率は毎分500カウントであった。

計数率に対する相対標準偏差 [%] として最も近い値は，次のうちどれか。

1 1.0   2 1.5   3 2.0   4 2.5   5 3.0

問 11 GM 計数管の使用電圧の設定に関する次の記述のうち，最も適切なものはどれか。

1 プラトー部分に入る手前の放電を起こし始める電圧領域に設定する。
2 プラトー部分の中で最も低電圧側に設定する。
3 プラトー部分の低い方から 1／3 程度の電圧に設定する。
4 プラトー部分の中で最も高電圧側に設定する。
5 プラトー部分を超えて連続放電を起こす電圧に設定する。

問 12 Ge 検出器による測定において，^{60}Co の γ 線（1.333MeV）に対する多重波高分析器のピーク位置が5000チャネル，その半値幅が8.0チャネルであったとき，この測定系のエネルギー分解能（keV）として，最も近い値は次のうちどれか。

1 0.16   2 0.21   3 2.1   4 8.0   5 11

問 13 NaI シンチレータに関する次の記述のうち，正しいものの組合せはどれか。

A NaI（Tl）シンチレータが密封されているのは，酸素クエンチングを防ぐためである。
B NaI（Tl）シンチレータと光電子増倍管の間に波長シフターが挿入されている。
C NaI（Tl）シンチレータにドープ（添加）されている Tl は，発光中心として機能する。
D NaI（Tl）シンチレータの蛍光の減衰時間は230nsである。

1 AとB   2 AとC   3 BとC   4 BとD   5 CとD

問 14 イメージングプレート（IP）に関する次の記述のうち，正しいものの組合せはどれか。

A X 線フィルムよりも感度が高い。
B リアルタイムイメージング（動画撮影）に利用されている。
C 光輝尽発光体が利用されている。
D 使用する前に光を当ててはならない。

1　AとB　　2　AとC　　3　AとD　　4　BとD　　5　CとD

問 15 線源に関する次の記述のうち，正しいものの組合せはどれか。
A　^{90}Sr 線源はβ線源及びγ線源として利用されている。
B　^{147}Pm 線源はβ線源及びγ線源として利用されている。
C　^{241}Am 線源はα線源及びγ線源として利用されている。
D　Ra-DEF 線源はα線源及びβ線源として利用されている。
1　ABCのみ　2　ABのみ　3　ADのみ　4　CDのみ　5　BCDのみ

問 16 次の放射性核種のうち，放出されるβ線の最大エネルギーが最も小さいものはどれか。
1　^{14}C　　2　^{60}Co　　3　^{63}Ni　　4　^{90}Sr　　5　^{192}Ir

問 17 放射性同位元素利用機器に関する次の記述のうち，正しいものの組合せはどれか。
A　厚さ計には放射線の透過作用を利用したものがある。
B　水分計には放射線の散乱作用を利用したものがある。
C　ガスクロマトグラフ用 ECD は放射線の電離作用を利用したものである。
D　密度計には放射線の透過作用を利用したものがある。
1　ACDのみ　2　ABのみ　3　BCのみ　4　Dのみ
5　ABCDすべて

問 18 ^{60}Co 線源の放射能，遮へい材，及び線源から線量率測定点までの距離を下に示した。測定点の線量率が高い順に並んでいるものは，次のうちどれか。なお，鉛5cm と鉛10cm に対する実効線量透過率は，それぞれ0.0825と0.0048とする。

	<放射能（MBq）>	<遮へい材>	<距離（m）>
A	100	なし	4
B	200	鉛5cm	1
C	400	鉛10cm	0.5

1　A＞B＞C　　2　A＞C＞B　　3　B＞A＞C
4　B＞C＞A　　5　C＞A＞B

問 19 あるβ線源を厚さ0.5mm のアルミニウム板でしゃへいし，そのβ線強度を1／10に減弱させた。同じ強度に減弱させる鉄板の厚さ

［mm］として，最も近い値は次のうちどれか。ただし，アルミニウムの密度は 2.7g・cm⁻³，鉄の密度は 7.9g・cm⁻³ である。
1 0.05   2 0.12   3 0.17   4 0.25   5 0.34

問 20 放射線加重（荷重）係数に関する次の記述のうち，正しいものの組合せはどれか。
A 組織・臓器によって異なった値が定義されている。
B 低線量における確率的影響の RBE を考慮して定義されている。
C 国際放射線防護委員会（ICRP）2007年勧告では，1990年勧告と同じ値が定義されている。
D 組織・臓器の平均吸収線量に放射線加重（荷重）係数を掛けることにより等価線量が算定される。
1 AとB   2 AとC   3 BとC   4 BとD   5 CとD

問 21 個人被ばく線量計に関する次の記述のうち，正しいものの組合せはどれか。
A 熱ルミネセンス線量計は，読み取り後に記録が消失し，再読み取りができない。
B 蛍光ガラス線量計では，β 線の測定はできない。
C OSL 線量計は，温度，湿度の影響が小さい。
D OSL 線量計は，フィルムバッジに比べてフェーディング効果が小さい。
1 ACD のみ   2 AB のみ   3 BC のみ   4 D のみ
5 ABCD すべて

問 22 次の個人被ばく線量計のうち，作業中の被ばく線量の値を直読できるものの組合せはどれか。
A OSL 線量計   B 熱ルミネセンス線量計
C 蛍光ガラス線量計   D 半導体式ポケット線量計
1 ACD のみ   2 AB のみ   3 BC のみ   4 D のみ
5 ABCD すべて

問 23 個人被ばく線量計の使用方法に関する次の記述のうち，正しいものの組合せはどれか。
A 放射線作業を行わないときは，管理区域に立入る際も個人被ばく線量計を装着しなかった。

B 背面側のみが照射されることが明らかなので，背面にも1個装着した。
C 体幹部を覆う含鉛防護衣を着用したとき，襟部と防護衣内側の胸部とに装着した。
D 管理区域の中に保管した。
1　AとB　　2　AとC　　3　BとC　　4　BとD　　5　CとD

問 24 細胞の放射線感受性の細胞周期依存性に関する次の記述のうち，正しいものの組合せはどれか。
A M期では，放射線感受性が低い。
B G_1期後期からS期初期にかけては，放射線感受性が高い。
C S期では，細胞周期が進行するにつれて，放射線感受性が変化する。
D S期後期からG_2期にかけては，放射線感受性が高い。
1　AとB　　2　AとC　　3　AとD　　4　BとC　　5　BとD

問 25 放射線によるDNA損傷に関する次の記述のうち，正しいものの組合せはどれか。
A 電離放射線では，紫外線とは異なるタイプの損傷が生じる。
B DNA1本鎖切断は2本鎖切断より突然変異の原因になりにくい。
C 損傷の種類によらず同じ修復機構で修復される。
D DNA損傷は，細胞周期の進行を妨げない。
E フリーラジカルを介した間接作用によっても生じる。
1　ABEのみ　　2　ACDのみ　　3　ADEのみ　　4　BCDのみ
5　BCEのみ

問 26 胎内被ばくに関する次の記述のうち，正しいものの組合せはどれか。
A 受精後8～25週の時期の被ばくでは，精神遅滞の誘発が見られる。
B 高線量率被ばくと比較して，低線量率被ばくでは奇形の発生が増加する。
C 奇形の誘発には，しきい線量がある。
D 受精後26週以後の被ばくでは，小頭症の誘発が見られる。
E 着床前期の被ばくでは，奇形の誘発が見られる。
1　AとB　　2　AとC　　3　BとE　　4　CとD　　5　DとE

問 27 放射線の人体への影響に関する次の記述のうち，正しいものの組合せはどれか。
A 確率的影響では被ばく線量に応じて重篤度が増す。

B 遺伝性（的）影響は確率的影響である。
C 悪性腫瘍は身体的影響である。
D 生殖細胞に起こる障害はすべて確定的影響である。
E 胎内被ばくによる奇形は遺伝性（的）影響である。
1 AとC　　2 AとD　　3 BとC　　4 BとE　　5 DとE

問 28 組織・臓器について，放射線感受性の高い順に正しく並んでいるものは，次のうちどれか。

1　骨髄　　　＞　筋肉　　　＞　小腸上皮
2　生殖腺　　＞　食道上皮　＞　脳神経
3　小腸上皮　＞　骨髄　　　＞　脂肪組織
4　脳神経　　＞　骨髄　　　＞　食道上皮
5　生殖腺　　＞　脂肪組織　＞　小腸上皮

問 29 放射線の全身被ばくによる次の記述のうち，腸管死について誤っているものの組合せはどれか。

A 腸管死は線量に比例して死亡までの時間が短くなる。
B 腸管死はクリプト幹細胞の死が原因である。
C 腸管死は早期障害である。
D 腸管死は確定的影響である。
E 腸管死の線量域では骨髄障害は軽微である。
1 AとB　　2 AとE　　3 BとC　　4 CとD　　5 DとE

問 30 次のうち，低線量被ばくと密接に関連すると考えられているものの組合せはどれか。

A 光回復　　B 適応応答　　C バイスタンダー効果　　D 分子死
1 AとB　　2 AとC　　3 BとC　　4 BとD　　5 CとD

法令

放射性同位元素等による放射線障害の防止に関する法律（以下「放射線障害防止法」という。）及び関係法令について解答せよ。

次の各問について、1から5までの5つの選択肢のうち、適切な答えを1つだけ選びなさい。

なお、問題文中の波線部は、現行法令に適合するように直した箇所である。

問1 放射線障害防止法の目的に関する次の文章の A ～ D に該当する語句について、放射線障害防止法上定められているものの組合せは、下記の選択肢のうちどれか。

「この法律は、原子力基本法の精神にのっとり、 A の使用、 B 、廃棄その他の取扱い、放射線発生装置の使用及び放射性同位元素又は放射線発生装置から発生した放射線によって汚染された物（以下「放射性汚染物」という。）の廃棄その他の取扱いを規制することにより、これらによる C を防止し、 D の安全を確保することを目的とする。」

	A	B	C	D
1	放射性同位元素	保管, 運搬	放射線障害	公共
2	放射性同位元素等	保管, 運搬	放射線障害	放射線業務従事者
3	放射性同位元素	販売, 賃貸	放射線障害	公共
4	放射性同位元素	保管, 運搬	被ばく等	放射線業務従事者
5	放射性同位元素等	販売, 賃貸	被ばく等	公共

問2 次の記述のうち、放射線障害防止法上の「放射線」となるものの組合せはどれか。

A 1メガ電子ボルト以上のエネルギーを有するガンマ線
B 1メガ電子ボルト未満のエネルギーを有する電子線
C 1メガ電子ボルト以上のエネルギーを有するエックス線
D 1メガ電子ボルト未満のエネルギーを有するベータ線

1 ABCのみ　2 ABDのみ　3 ACDのみ　4 BCDのみ
5 ABCDすべて

問3 使用の届出に関する次の記述のうち、放射線障害防止法上正しいものの組合せはどれか。ただし、コバルト60の下限数量は100キロベクレルであり、かつ、その濃度は、原子力規制委員会の定める濃度を超えるものと

する。また，密封されたコバルト60が製造されたのは，平成24年4月1日とする。

A　1個当たりの数量が，100キロベクレルの密封されたコバルト60を装備した校正用線源のみ1個を使用しようとする者は，あらかじめ，原子力規制委員会に届け出なければならない。

B　1個当たりの数量が，1メガベクレルの密封されたコバルト60を装備した表示付認証機器のみ1台を認証条件に従って使用しようとする者は，あらかじめ，原子力規制委員会に届け出なければならない。

C　1個当たりの数量が，10メガベクレルの密封されたコバルト60を装備したレベル計のみ10台を使用しようとする者は，あらかじめ，原子力規制委員会に届け出なければならない。

D　1個当たりの数量が，100メガベクレルの密封されたコバルト60を装備した照射装置のみ1台を使用しようとする者は，あらかじめ，原子力規制委員会に届け出なければならない。

1　ABCのみ　　2　ABのみ　　3　ADのみ　　4　CDのみ
5　BCDのみ

問4　許可又は届出の手続きに関する次の記述のうち，放射線障害防止法上正しいものの組合せはどれか。

A　表示付認証機器のみを認証条件に従って使用しようとする者は，工場又は事業所ごとに，かつ，認証番号が同じ表示付認証機器ごとに，あらかじめ，原子力規制委員会に届け出なければならない。

B　1個当たりの数量が下限数量未満の密封された放射性同位元素のみを輸入し，業として販売しようとする者は，販売所ごとに，原子力規制委員会の許可を受けなければならない。

C　表示付認証機器のみを業として賃貸しようとする者は，賃貸事業所ごとに，あらかじめ，原子力規制委員会に届け出なければならない。

D　1個当たりの数量が下限数量の1,000倍を超える密封された放射性同位元素であって機器に装備されていないもののみを使用しようとする者は，工場又は事業所ごとに，原子力規制委員会の許可を受けなければならない。

1　ACDのみ　　2　ABのみ　　3　BCのみ　　4　Dのみ
5　ABCDすべて

問5　次のうち，密封された放射性同位元素を業として賃貸しようとする者（表示付特定認証機器を業として賃貸する者を除く。）が，原子力規制委

員会に届け出なければならない事項として，放射線障害防止法上定められているものの組合せはどれか．
A 放射性同位元素の種類　　　　B 放射性同位元素の1個当たりの数量
C 放射性同位元素の廃棄の方法　　D 賃貸事業所の所在地
1 ABCのみ　2 ABのみ　3 ADのみ　4 CDのみ
5 BCDのみ

問6 使用施設等の技術上の基準に関する次の記述のうち，放射線障害防止法上正しいものの組合せはどれか．
A 貯蔵施設内の人が常時立ち入る場所において人が被ばくするおそれのある線量は，実効線量で1週間につき5ミリシーベルト以下としなければならない．
B 使用施設内の人が常時立ち入る場所において人が被ばくするおそれのある線量は，実効線量で1週間につき1ミリシーベルト以下としなければならない．
C 事業所内の人が居住する区域における線量は，実効線量で3月間につき500マイクロシーベルト以下としなければならない．
D 工場の境界における線量は，実効線量で3月間につき250マイクロシーベルト以下としなければならない．
1 AとB　2 AとC　3 BとC　4 BとD　5 CとD

問7 次の放射性同位元素の使用の目的のうち，その旨を原子力規制委員会に届け出ることにより，許可使用者が一時的に使用の場所を変更して使用できる場合として，放射線障害防止法上定められているものの組合せはどれか．
A ガスクロマトグラフによる空気中の有害物質等の質量の調査
B 蛍光エックス線分析装置による物質の組成の調査
C ガンマ線厚さ計による物質の厚さの計測
D 中性子水分計による土壌中の水分の質量の調査
1 ABCのみ　2 ABDのみ　3 ACDのみ　4 BCDのみ
5 ABCDすべて

問8 使用施設等の基準適合義務に関する次の文章の　A　，　B　に該当する語句について，放射線障害防止法上定められているものの組合せは，下記の選択肢のうちどれか．

「届出使用者は，その　A　の　B　を原子力規制委員会規則で定める技術上の基準に適合するように維持しなければならない。」

	A	B
1	使用施設	遮蔽壁その他の遮蔽物
2	貯蔵施設	位置，構造及び設備
3	貯蔵施設	貯蔵能力
4	使用施設	位置，構造及び設備
5	使用施設及び貯蔵施設	遮蔽壁その他の遮蔽物

問9 次のうち，許可使用者が変更の許可を受けようとするときに，申請書に添えなければならない書類として，放射線障害防止法上定められているものの組合せはどれか。

A　変更の予定時期を記載した書面
B　放射線障害防止規程の変更の内容を記載した書面
C　使用の場所及び廃棄の場所の状況並びに標識を付する箇所を示し，かつ，縮尺及び方位を記載した詳細平面図
D　工事を伴うときは，その予定工事期間及びその工事期間中放射線障害の防止に関し講ずる措置を記載した書面

1　ABCのみ　　2　ABのみ　　3　ADのみ　　4　CDのみ
5　BCDのみ

問10 許可証の再交付に関する次の記述のうち，放射線障害防止法上正しいものはどれか。

1　許可証を失った者で許可証の再交付を受けたものは，失った許可証を発見したときは，速やかに，これを原子力規制委員会に返納しなければならない。
2　許可証を損じた者が許可証再交付申請書を原子力規制委員会に提出する場合には，必ず，その許可証の写しをこれに添えなければならない。
3　許可証を失った者は，その事実が判明した場合には，速やかに，その旨を原子力規制委員会に届け出なければならない。
4　許可証を損じた者は，その事実が判明した日から10日以内に，その旨を原子力規制委員会に届け出なければならない。
5　許可証を汚した者は，その事実が判明した日から30日以内に，その旨を原子力規制委員会に届け出なければならない。

問11 表示付認証機器又は表示付特定認証機器の販売等に関する次の文章の A ～ D に該当する語句について，放射線障害防止法上定められているものの組合せは，下記の選択肢のうちどれか。

「表示付認証機器又は表示付特定認証機器を販売し，又は賃貸しようとする者は，原子力規制委員会規則で定めるところにより，当該表示付認証機器又は表示付特定認証機器に， A （当該設計認証又は特定設計認証の番号をいう。），当該設計認証又は特定設計認証に係る B ，保管及び C に関する条件（以下「認証条件」という。），これを D しようとする場合にあっては第19条第5項に規定する者にその D を委託しなければならない旨その他原子力規制委員会規則で定める事項を記載した文書を添付しなければならない。」

	A	B	C	D
1	線源番号	使用	廃棄	運搬
2	線源番号	販売又は賃貸	運搬	廃棄
3	認証番号	販売又は賃貸	廃棄	運搬
4	認証番号	使用	運搬	廃棄
5	認証番号	使用	運搬	廃棄

問12 使用施設等の基準適合義務に関する次の文章の A と B に該当する語句について，放射線障害防止法上定められているものの組合せは，下記の選択肢のうちどれか。

「 A は，その貯蔵施設の B を原子力規制委員会規則で定める技術上の基準に適合するように維持しなければならない。」

	A	B
1	届出販売業者	遮蔽壁その他の遮蔽物
2	表示付認証機器届出使用者	位置，構造及び設備
3	届出賃貸業者	貯蔵能力
4	許可使用者	遮蔽壁その他の遮蔽物
5	届出使用者	位置，構造及び設備

問13 次のうち，届出使用者があらかじめ，その旨を原子力規制委員会に届け出なければならない変更事項として，放射線障害防止法上定められているものの組合せはどれか。

A 氏名又は名称及び住所並びに法人にあっては，その代表者の氏名
B 使用の目的及び方法

C　貯蔵施設の位置，構造，設備及び貯蔵能力
D　使用の場所
1　ABCのみ　2　ABのみ　3　ADのみ　4　CDのみ
5　BCDのみ

問14　密封された放射性同位元素の使用の基準に関する次の記述のうち，放射線障害防止法上定められているものの組合せはどれか。

A　密封された放射性同位元素の使用は，作業室において行うこと。
B　密封された放射性同位元素を移動させて使用する場合には，使用後直ちに，その放射性同位元素について紛失，漏えい等異常の有無を放射線測定器により点検し，異常が判明したときは，探査その他放射線障害を防止するために必要な措置を講ずること。
C　密封された放射性同位元素が漏えい，浸透等により散逸して汚染するおそれのないこと。
D　管理区域には，人がみだりに立ち入らないような措置を講じ，放射線業務従事者以外の者が立ち入るときは，放射線業務従事者の指示に従わせること。

1　ABCのみ　2　ABのみ　3　ADのみ　4　CDのみ
5　BCDのみ

問15　保管の基準に関する次の記述のうち，放射線障害防止法上定められているものの組合せはどれか。

A　貯蔵施設には，その貯蔵能力を超えて放射性同位元素を貯蔵しないこと。
B　貯蔵施設の目につきやすい場所に，放射線障害の防止に必要な注意事項を掲示すること。
C　貯蔵施設のうち放射性同位元素を経口摂取するおそれのある場所での飲食及び喫煙を禁止すること。
D　密封された放射性同位元素を保管する場合には，原子力規制委員会の定める温度その他の条件で保管すること。

1　ABCのみ　2　ABのみ　3　ADのみ　4　CDのみ
5　BCDのみ

問16　L型輸送物に係る技術上の基準に関する次の記述のうち，放射線障害防止法上定められているものの組合せはどれか。

A　外接する直方体の各辺が10センチメートル以上であること。

B 表面に不要な突起物がなく,かつ,表面の汚染の除去が容易であること。
C 表面における1センチメートル線量当量率の最大値が2ミリシーベルト毎時を超えないこと。
D 運搬中に予想される温度及び内圧の変化,振動等により,き裂,破損等の生じるおそれがないこと。
1 AとB　2 AとC　3 BとC　4 BとD　5 CとD

問17 次のうち,放射線の量の測定を行う場所として,放射線障害防止法上定められているものの組合せはどれか。
A 管理区域の境界
B 事業所等内において人が常時業務を行う区域
C 事業所等の境界
D 事業所等外において人が居住する区域であって,最大となる場所
1 AとB　2 AとC　3 BとC　4 BとD　5 CとD

問18 次のうち,放射線障害予防規程に記載すべき事項として,放射線障害防止法上定められているものの組合せはどれか。
A 危険時の措置に関すること。
B 放射線管理の状況の報告に関すること。
C 健康診断に関すること。
D 放射線取扱主任者の職位及び職責に関すること。
1 ABCのみ　2 ABDのみ　3 ACDのみ　4 BCDのみ
5 ABCDすべて

問19 放射線障害予防規程の届け出をし,かつ,放射線取扱主任者の選任の届け出を行わなければならない事業者として,放射線障害防止法上正しいものの組合せは,次のうちどれか。
A 表示付認証機器のみを使用する表示付認証機器届出使用者
B 許可使用者
C 届出賃貸業者(表示付認証機器等のみを賃貸する者を除く。)
D 表示付認証機器等のみを販売する届出販売業者
1 AとB　2 AとC　3 BとC　4 BとD　5 CとD

問20 教育訓練に関する次の記述のうち,放射線障害防止法上正しいものの組合せはどれか。ただし,対象者には,教育及び訓練の項目又は事項

について十分な知識及び技能を有していると認められる者は，含まれていないものとする。

A 放射線業務従事者に対する教育及び訓練は，初めて管理区域に立ち入る前及び管理区域に立ち入った後にあっては1年を超えない期間ごとに行わなければならない。
B 取扱等業務に従事する者であって，管理区域に立ち入らないものに対しては，取扱等業務を開始する前に行う教育及び訓練は，項目ごとに時間数が定められている。
C 取扱等業務に従事する者であって，管理区域に立ち入らないものに対しては，取扱等業務を開始した後1年を超えない期間ごとに行う教育及び訓練は，項目及び時間数は定められていない。
D 見学のために管理区域に一時的に立ち入る者に対する教育及び訓練は，当該者が立ち入る放射線施設において放射線障害が発生することを防止するために必要な事項について施すこと。

1　ABCのみ　2　ABDのみ　3　ACDのみ　4　BCDのみ
5　ABCDすべて

問21　放射線業務従事者に対し，管理区域に立ち入った後に行う健康診断の方法としての問診及び検査又は検診のうち，医師が必要と認める場合に限り行うものとして，放射線障害防止法上定められているものの組合せは，次のうちどれか。

A　皮膚
B　眼
C　末しょう血液中の血色素量又はヘマトクリット値，赤血球数，白血球数及び白血球百分率
D　放射線の被ばく歴の有無（問診）

1　ABCのみ　2　ABのみ　3　ADのみ　4　CDのみ
5　BCDのみ

問22　放射線障害を受けた者又は受けたおそれのある者に対する措置に関する次の文章の　A　～　D　に該当する語句について，放射線障害防止法上定められているものの組合せは，下記の選択肢のうちどれか。

「(1)　放射線業務従事者が放射線障害を受け，又は受けたおそれのある場合には，放射線障害又は放射線障害を受けたおそれの程度に応じ，　A　への立入時間の短縮，　B　の禁止，放射線に被ばくする　C　業務への配置転換

等の措置を講じ，必要な ☐D☐ を行うこと。
(2) 放射線業務従事者以外の者が放射線障害を受け，又は受けたおそれのある場合には，遅滞なく，医師による診断，必要な ☐D☐ 等の適切な措置を講ずること。」

	A	B	C	D
1	放射線施設	取扱い	おそれのない	健康診断
2	管理区域	取扱い	おそれのない	保健指導
3	放射線施設	立入り	おそれのない	保健指導
4	放射線施設	立入り	おそれの少ない	健康診断
5	管理区域	立入り	おそれの少ない	保健指導

問 23 次のうち，許可使用者が備えるべき帳簿に記載しなければならない放射線施設の点検に関する事項の細目として，放射線障害防止法上定められているものの組合せはどれか。

A 実施年月日　　B 実施の方法　　C 点検を行った者の氏名
D 使用機器の名称

1　AとB　　2　AとC　　3　AとD　　4　BとC　　5　BとD

問 24 使用の廃止等の届出及び使用の廃止等に伴う措置に関する次の記述のうち，放射線障害防止法上正しいものの組合せはどれか。

A 放射性同位元素のみを使用する許可使用者が，その許可に係る放射性同位元素のすべての使用を廃止したため，遅滞なく，その旨を原子力規制委員会に届け出た。
B 届出使用者が，その届出に係る放射性同位元素のすべての使用を廃止したため，選任されていた放射線取扱主任者に廃止措置の監督をさせた。
C 届出使用者が，その届出に係る放射性同位元素のすべての使用を廃止したため，放射線業務従事者の受けた放射線の量の測定結果の記録を廃止措置計画の計画期間内に原子力規制委員会に引き渡した。
D 表示付認証機器届出使用者が，その届出に係る表示付認証機器のすべての使用を廃止したため，遅滞なく，その旨を原子力規制委員会に届け出た。

1　ABCのみ　　2　ABDのみ　　3　ACDのみ　　4　BCDのみ
5　ABCDすべて

問 25 事故届に関する次の文章の ☐A☐ ～ ☐C☐ に該当する語句について，放射線障害防止法上定められているものの組合せは，下記の選択肢の

うちどれか。

「許可届出使用者等（表示付認証機器使用者及び表示付認証機器使用者から運搬を委託された者を含む。）は，その所持する放射性同位元素について　A　その他の事故が生じたときは，遅滞なく，その旨を　B　又は　C　に届け出なければならない。」

	A	B	C
1	盗取，所在不明	原子力規制委員会	国土交通大臣
2	破損，汚染	原子力規制委員会	国土交通大臣
3	破損，汚染	警察官	海上保安官
4	放射線障害の発生	原子力規制委員会	国土交通大臣
5	盗取，所在不明	警察官	海上保安官

問26 所持の制限に関する次の記述のうち，放射線障害防止法上正しいものの組合せはどれか。

A　届出使用者は，その届け出た種類の放射性同位元素をその届け出た貯蔵施設の貯蔵能力の範囲内で所持することができる。
B　届出使用者から放射性同位元素の運搬を委託された者の従業者は，その職務上放射性同位元素を所持することができる。
C　届出販売業者から放射性同位元素の運搬を委託された者は，その委託を受けた放射性同位元素を所持することができる。
D　届出賃貸業者は，その届け出た種類の放射性同位元素を運搬のために所持することができる。

1　ABCのみ　　2　ABDのみ　　3　ACDのみ　　4　BCDのみ
5　ABCDすべて

問27 放射線取扱主任者の選任等に関する次の記述のうち，放射線障害防止法上正しいものの組合せはどれか。

A　放射線取扱主任者が海外出張により3月間その職務を行うことができなくなるため，直ちに放射線取扱主任者の代理者を選任し，原子力規制委員会へ放射線取扱主任者の代理者選任届を提出した。帰国後，放射線取扱主任者がその職務に復帰したので，代理者を解任したが，原子力規制委員会への放射線取扱主任者の代理者解任届は提出しなかった。
B　放射線取扱主任者が入院により20日間その職務を行うことができなくなるため，放射線取扱主任者の代理者を選任したが，原子力規制委員会への放射線取扱主任者の代理者選任届の提出は行わなかった。

C 放射線取扱主任者が転勤により，その職務を行うことができなくなるため，転勤の日の20日前に放射線取扱主任者の選任及び解任を行ったが，原子力規制委員会への放射線取扱主任者選任解任届の提出は転勤の日の14日後に行った。
D 放射性同位元素の使用の許可を受けた日に放射線取扱主任者を選任し，その14日後から使用を開始し，使用を開始した日に原子力規制委員会へ放射線取扱主任者選任届を提出した。

1　AとB　　2　AとC　　3　BとC　　4　BとD　　5　CとD

問 28 次のうち，第2種放射線取扱主任者免状を有する者を放射線取扱主任者として選任することができる事業者として，放射線障害防止法上正しいものの組合せはどれか。

A　1個当たりの数量が10テラベクレルの密封された放射性同位元素のみを使用する許可使用者
B　下限数量の1000倍以下の密封された放射性同位元素のみを使用する届出使用者
C　1個当たりの数量が10テラベクレルの密封された放射性同位元素のみを賃貸する届出賃貸業者
D　密封されていない放射性同位元素のみを販売する届出販売業者

1　ABCのみ　　2　ABのみ　　3　ADのみ　　4　CDのみ
5　BCDのみ

問 29 定期講習に関する次の文章の A ～ D に該当する語句について，放射線障害防止法上定められているものの組合せは，下記の選択肢のうちどれか。

「法第36条の2第1項の原子力規制委員会規則で定める期間は，次の各号に掲げる者の区分に応じ，当該各号に定める期間とする。
(1) 放射線取扱主任者であって放射線取扱主任者に選任された後定期講習を受けていない者（放射線取扱主任者に選任される前 A 以内に定期講習を受けた者を除く。）　放射線取扱主任者に選任された日から B 以内
(2) 放射線取扱主任者（前号に掲げる者を除く。）　前回の定期講習を受けた日から C （届出販売業者及び届出賃貸業者にあっては D ）以内」

	A	B	C	D
1	1年	1年	5年	3年
2	6月	6月	3年	5年

3	1年	1年	3年	5年
4	6月	1年	5年	3年
5	1年	6月	3年	5年

問 30 報告の徴収に関する次の記述のうち，放射線障害防止法上正しいものの組合せはどれか。

A 表示付認証機器届出使用者は，放射性同位元素の盗取又は所在不明が生じたときは，その旨を直ちに，その状況及びそれに対する処置を30日以内に原子力規制委員会に報告しなければならない。

B 許可使用者は，放射性同位元素の使用における計画外の被ばくがあったとき，当該被ばくに係る実効線量が，放射線業務従事者にあっては5ミリシーベルトを超え，又は超えるおそれのあるときは，その旨を直ちに，その状況及びそれに対する処置を10日以内に原子力規制委員会に報告しなければならない。

C 許可使用者は，放射線業務従事者について実効線量限度若しくは等価線量限度を超え，又は超えるおそれのある被ばくがあったときは，その旨を直ちに，その状況及びそれに対する処置を10日以内に原子力規制委員会に報告しなければならない。

D 表示付認証機器届出使用者は，放射線管理状況報告書を毎年4月1日からその翌年の3月31日までの期間について作成し，当該期間の経過後3月以内に原子力規制委員会に提出しなければならない。

1 AとB　　2 AとC　　3 BとC　　4 BとD　　5 CとD

コラム　意味記憶とエピソード記憶

　私たちの脳の記憶にはいくつかの種類があって，それぞれ脳の別な場所が働いているそうです。池谷裕二先生のご著書によれば，その体系は次のようになっているのだそうです。

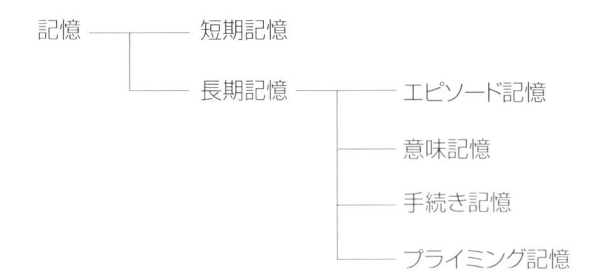

```
記憶 ─┬─ 短期記憶
      └─ 長期記憶 ─┬─ エピソード記憶
                   ├─ 意味記憶
                   ├─ 手続き記憶
                   └─ プライミング記憶
```

　これらは「記憶力を強くする」(池谷裕二著／ブルーバックス刊)などに詳しく載っていますが，私たちの学習において重要なものは，エピソード記憶と意味記憶なのだそうです。

　意味記憶は，理屈は別として「AはBである」と記憶することで，エピソード記憶とは何らかのエピソードに基づいたものだそうです。エピソード記憶のほうが意識的に思い出しやすいということなので，学習などではエピソード記憶を使う工夫をすることが重要と思います。歴史の年号を語呂合わせで覚えることも，あまり深いエピソードとも思えませんが，一種のエピソード記憶なのでしょう。学習においては，こういうことなども使いながらいろいろと工夫したいものですね。

第2回 問題

問題数と試験時間を次に示します。解答にかけられる時間は，管理技術Ⅰが1問あたり平均21分，管理技術Ⅱと法令が1問あたり平均2.5分となっています。時間配分に注意して，難しいと思われる問題にできるだけ時間を充てられるようにしましょう。

問題数と試験時間

課目	問題数	試験時間
管理技術Ⅰ	5問	105分
管理技術Ⅱ	30問	75分
法令	30問	75分

解答一覧　　P.110
解答解説　　P.153

管理技術 I

問 1 次の I 〜 Ⅲ の文章の ▭ の部分に入る最も適切な語句又は記号を，それぞれの解答群から 1 つだけ選べ。

Ⅰ　放射線の DNA などの標的分子への作用には直接作用と間接作用がある。直接作用とは放射線が標的分子に直接作用して，損傷を与える作用である。これに対し，間接作用とは水の放射線分解により発生した ▭A▭ を介した標的分子への作用である。間接作用を反映する現象として，▭B▭ 防護効果，酸素効果，▭C▭ 効果などが知られている。

　▭A▭ は，▭D▭ 基を持つシステインなどと反応してその活性は低下し，細胞は放射線の作用を受けにくくなる。この現象を ▭B▭ 防護効果という。高い酸素分圧下で照射したときの方が，低い酸素分圧下で照射したときより細胞の放射線感受性が高くなる。この現象を酸素効果という。酵素溶液に一定の線量を照射した場合，その機能の失活率は，▭E▭ 作用では濃度によらず一定であるが，▭F▭ 作用では酵素の濃度を高くすると ▭G▭ くなる。この現象を ▭C▭ 効果という。

＜A〜C の解答群＞
1　二次電子　　　　2　中性子　　　　3　水素分子
4　フリーラジカル　5　二酸化炭素　　6　希釈
7　化学的　　　　　8　生物学的

＜D〜G の解答群＞
1　SH　　　　2　OH　　　　3　COOH　　4　NO
5　間接　　　6　直接　　　7　促進　　　8　緩和
9　高　　　　10　低

Ⅱ　遺伝子の本体である核酸には DNA（デオキシリボ核酸）と RNA（リボ核酸）とがある。DNA は，▭H▭ 骨格を持つチミンと ▭I▭，及び ▭J▭ 骨格をもつ ▭K▭ と ▭L▭ の 4 種類の塩基と糖とリン酸で構成され，チミンと ▭K▭，▭I▭ と ▭L▭ がそれぞれ選択的に水素結合により対を形成し，二重らせん構造を作っている。

　放射線は DNA に作用し，いろいろな損傷を引き起こす。▭M▭ は主に放射線によって生じた ▭N▭ が塩基に結合して生じる損傷である。▭O▭ は，主に糖鎖の損傷により発生する。▭P▭ は DNA の両鎖の間で起こる場合と片方の鎖内で起こる場合があり，塩基間あるいは塩基とタンパク質間の共有結

合により生じる。

<H～Lの解答群>
1　プリン　　　2　ビリルビン　　3　ピリミジン　　4　アデニン
5　アニリン　　6　シトシン　　　7　ウラシル　　　8　グアニン

<M～Pの解答群>
1　鎖切断　　　　　　　2　架橋形成　　　　3　チミン二量体形成
4　付加体形成　　　　　5　塩基損傷　　　　6　二次電子
7　ラジカルスカベンジャー　　　　　　　　　8　フリーラジカル
9　中性子

Ⅲ　DNA損傷が修復されるときには，損傷の種類や大きさによりいろいろの修復機構が働く。DNA1本鎖の損傷に対しては，単一の塩基の損傷を修復する　Q　，数十塩基に影響が及ぶ比較的大規模な損傷を修復する　R　などが知られている。　R　機能の欠失は色素性乾皮症の原因となる。またDNA2本鎖切断の修復では，同一の塩基配列をもつ鋳型鎖を利用する　S　経路と利用しない　T　経路があることが知られている。

<Q～Tの解答群>
1　Elkind回復　　　　2　PLD回復　　　　3　光回復
4　塩基除去修復　　　5　SOS修復　　　　6　ヌクレオチド除去修復
7　DNA複製　　　　　8　相同組換え　　　9　乗換え
10　不等乗換え　　　　11　非相同末端結合

問2　次のⅠ～Ⅲの文章の　　　の部分に入る最も適切な語句又は数値を，それぞれの解答群から1つだけ選べ。

Ⅰ　光子放射線であるX線やγ線は，物質中で　A　，　B　，　C　を起こす。このうち，　A　と　C　の場合には光子は消滅するが，　B　の場合には反跳電子にエネルギーを与えた分だけ，光子自身のエネルギーは減少する。　C　によって生成する陽電子も含めて，これらの相互作用によって物質中に多くの二次電子が生成する。これらの二次電子は物質を構成する原子・分子を電離したり，　D　することによって運動エネルギーを失っていく。　C　によって生成した陽電子は，運動エネルギーを失った後に物質中の電子と結びついて，正反対の方向に2本の　ア　keVの　E　を放出する。このエネルギーは電子の　F　と等価である。

<A～Fの解答群>
1　運動エネルギー　　2　放電　　　　　3　消滅放射線
4　励起　　　　　　　5　静止質量　　　6　吸収
7　コンプトン効果　　8　内殻吸収　　　9　電子対生成
10　制動放射線　　　11　外殻吸収　　　12　光電効果
13　前方散乱　　　　14　ポテンシャルエネルギー

<アの解答群>
1　511　　　　　　　2　1,022　　　　3　2,044

Ⅱ　細胞の大部分を占める水に光子放射線が入射した時のエネルギー付与を考える。光子放射線のエネルギーは，そのほとんどが生成する二次電子によって物質に与えられる。二次電子のような荷電粒子のエネルギー付与現象は　G　に沿って　H　に起き，1回のイベント当たりに粒子から物質に与えられるエネルギーの平均値は　イ　である。粒子によるエネルギー付与イベントが起きてからその次のエネルギー付与イベントが起きるまでの距離の平均値は粒子の質量，電荷と　I　に依存して変化する。このように荷電粒子が　G　に沿って物質に与えるエネルギーを，　G　の単位長さ当たりで平均をとると，　J　と呼ばれる量となる。

<G～Jの解答群>
1　重力　　　　2　電場　　　3　磁場　　　4　線エネルギー付与（LET）
5　連続的　　　6　飛跡　　　7　生物効果比（RBE）
8　離散的　　　9　速度　　　10　一様

<イの解答群>
1　数eV　　　　　　　2　数十eV　　　　3　数keV

Ⅲ　細胞に高速の荷電粒子が入射すると，　G　に沿ってエネルギー付与イベントが起き，それにより細胞構成分子が変化し，損傷となる。エネルギー付与イベントによってエネルギーを受け取った分子に生成した損傷による生物作用を　K　作用と呼ぶのに対して，エネルギーを受け取った分子が反応性の高い分子種に変わり，それが他の生体構成分子と反応して生成する損傷による生物作用を　L　作用と呼ぶ。エネルギー付与が起きる際の分子選択性は少ないので，その結果，細胞に最も多く含まれる分子である水分子に放射線の大部分のエネルギーが吸収され，多くの　M　が生成する。　L　作用のほとんどは　M　の作用として説明できる。細胞内での　M　の拡散距離は短いので，生物作用の原因となる損傷の空間分布は，エネルギー付与現象が起きた

空間配置，言い換えると荷電粒子の　G　の構造と関わりがある。細胞にとって重要な分子であるDNAに生成する損傷の分布はランダムではない。複数の損傷が近接して生成した場合には修復されにくい　N　損傷が生成し，放射線による生物作用誘発に重要な役割を果たしている。

<K～Nの解答群>
1	酸素	2	増感	3	間接	4	防護
5	鎖切断	6	電離	7	クラスター	8	電荷
9	イオン	10	励起	11	生物学的	12	ナノ
13	直接	14	ラジカル				

問3 次のⅠ～Ⅲの文章の　　　の部分に入る最も適切な語句，記号又は数値を，それぞれの解答群から1つだけ選べ。

Ⅰ　ある事業所で ^{137}Cs 密封線源（370MBq×1個）を所有し，使用室内に備え付けられている貯蔵箱（鉛3cm厚）に貯蔵している。線源を使用する際は，貯蔵箱から線源を取り出して，使用室内の指定された場所で使用している。ここで，作業者の1週間当たり最大となる実効線量を，以下に示す ^{137}Cs に対する実効線量率定数，実効線量透過率及び各条件により評価した。なお，線源の使用時以外は貯蔵箱内で貯蔵しているものとし，作業者の1週間当たりの最大作業時間は40hとする。また，散乱線による影響は考慮しないものとする。

実効線量率定数 [μSv·m²·MBq⁻¹·h⁻¹]	実効線量透過率 （鉛3cm厚）	評価条件			
		1週間当たりの 線源最大使用時間 [h]	線源からの距離[m]		
			使用時	貯蔵時	
7.8×10^{-2}	5.0×10^{-2}	5	0.5	0.5	

線源の使用時と貯蔵時における作業者の1時間当たりの実効線量を評価すると，使用時及び貯蔵時は，それぞれ　A　μSv·h⁻¹，　B　μSv·h⁻¹となり，貯蔵時より使用時の方が高くなる。このため，作業者の1週間当たり最大となる実効線量は線源の使用時間を5h，貯蔵時間を35hとして評価する場合となり，その値は　C　mSvとなる。この値は，法令で定める施設内の人が常時立ち入る場所における線量限度　D　mSvを超えない。

<A～Dの解答群>
1	0.29	2	0.57	3	0.78	4	0.95	5	1.0
6	1.3	7	2.9	8	5.8	9	12	10	29

11 58   12 100   13 115   14 130   15 150

Ⅱ　Ⅰに基づく評価で，^{137}Cs密封線源の1週間当たりの線源最大使用時間を5hから15hに変更した場合，作業者の1週間当たり最大となる実効線量は　E　mSvとなり，法令で定める施設内の人が常時立ち入る場所における線量限度を　F　。ここで，法令で定める施設内の人が常時立ち入る場所における線量限度を考慮し，1週間当たりの線源最大使用時間を評価すると，最大（最長）でおおよそ　G　hに変更することが可能であることがわかる。

　本事業所で使用されている密封線源の^{137}Csは，半減期　H　年であり，　I　壊変し^{137m}Baとなり，エネルギー　J　MeVのγ線を放出し　K　となる。

　ここで，^{137}Cs密封線源の放射能が現在の値の3／4に減衰したら線源を交換することとした場合，おおよそ　L　年後に交換することになる。なお，ln 2，ln 3をそれぞれ0.69，1.1とする。

＜Eの解答群＞
1 0.8   2 0.9   3 1.1   4 1.3   5 1.5
6 1.7   7 1.9

＜Fの解答群＞
1 超える   2 超えない

＜Gの解答群＞
1 7   2 10   3 12   4 14   5 20
6 25

＜Hの解答群＞
1 2.6   2 5.3   3 10   4 30   5 100
6 430

＜Iの解答群＞
1 α   2 β$^-$ 3 β$^+$

＜Jの解答群＞
1 0.06   2 0.20   3 0.32   4 0.55   5 0.66
6 1.1   7 1.3   8 1.7

＜Kの解答群＞
1 ^{135}Ba   2 ^{136}Ba   3 ^{137}Ba   4 ^{138}Ba   5 ^{139}Ba
6 ^{138}La   7 ^{139}La   8 ^{140}La

＜Lの解答群＞
1 3   2 5   3 7   4 10   5 12

6 15   7 20   8 25

Ⅲ 作業者の外部被ばく線量を測定するため，個人被ばく線量計を使用する必要がある。γ（X）線用として一般的に使用されている線量計としては，銀活性リン酸塩ガラスを検出素子とする　M　，$CaSO_4$（Tm）や $Li_2B_4O_7$（Cu）などを検出素子とする　N　，酸化アルミニウムを検出素子とする　O　などがある。

使用する個人被ばく線量計は，測定対象とする放射線の種類やエネルギー範囲，線量範囲，測定の目的及び頻度などを考慮して選択する必要がある。本事業所では線源やその使用状況などを考慮し，個人被ばく線量計として　O　を使用している。この線量計は，検出素子が放射線を受けると一部の　P　が格子欠陥に捕捉されて準安定状態となり，この状態で光刺激を受けると　Q　を発する現象を利用している。

<M～Qの解答群>
1 蛍光ガラス線量計   2 OSL線量計   3 固体飛跡検出器
4 フィルムバッジ   5 熱ルミネセンス線量計（TLD）
6 フリッケ線量計   7 電子式線量計   8 原子
9 イオン   10 電子   11 蛍光
12 特性X線   13 熱

問4 NaI（Tl）シンチレーション検出器（直径2インチ，厚さ2インチ）により，^{137}Cs線源を測定したところ，図に示すパルス波高スペクトルが得られた。次のⅠ～Ⅲの文章の　　　の部分に入る最も適切な語句，記号又は数値を，それぞれの解答群から1つだけ選べ。

Ⅰ 図のアのパルス波高範囲の計数値は，主として，核種　A　から放出されるγ線の，NaI（Tl）結晶における　B　によるものである。この相互作用に最も寄与している元素は　C　である。①のパルス波高値は，　D　エネルギーに相当している。

図のイのパルス波高範囲の計数値は，主として，NaI（Tl）結晶におけるγ線の　E　によるものである。②のパル

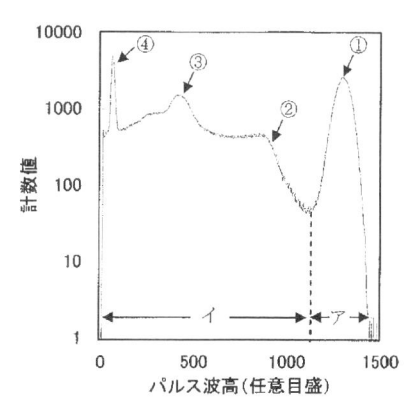

ス波高値は，　F　の最大エネルギーを反映している。
　③のピークは　G　ピークと呼ばれる。また，④のピークは　H　のKX線によるものであり，このKX線の放出には，　I　という現象が関係している。
　NaI（Tl）結晶の体積がこれよりも大きい検出器では，アのパルス波高範囲の総計数値のイのパルス波高範囲の総計数値に対する比は　J　。

<A～Eの解答群>
1　^{137}Ba　　　　2　^{137m}Ba　　　　3　^{137}Cs　　　4　光電効果
5　コンプトン効果　6　電子対生成　　　　7　I　　　　　　8　Na
9　Pb　　　　　　10　Tl　　　　　　　　11　入射γ線の
12　入射γ線のエネルギーから軌道電子の結合エネルギーを差し引いた

<Fの解答群>
1　反跳電子　　　2　内部転換電子　　3　散乱γ線　　　4　光電子

<G～Iの解答群>
1　サム　　　　　2　シングルエスケープ　　3　後方散乱　4　Ba
5　Cs　　　　　　6　I　　　　　7　Na　　　　8　軌道電子捕獲
9　内部転換　　　10　光電効果

<Jの解答群>
1　小さくなる　　　2　大きくなる　　　3　変わらない

II　光電子増倍管（PMT）を用いたNaI（Tl）シンチレーション検出器では，一般的に　K　ボルトの印加電圧が用いられる。印加電圧を，前掲の図のパルス波高スペクトルが得られたときよりも5％高く設定したとき，アの部分の頂点のパルス波高値は　L　。

　NaI（Tl）シンチレーション検出器のエネルギー分解能は，ピークの頂点のパルス波高値に対する，ピークの　M　の相対値［％］で表される。^{137}Cs線源のγ線に対するエネルギー分解能は，一般的に　N　である。検出器の分解能は種々の要因に影響されるが，そのうちで，PMTの光電陰極で発生する光電子数の統計的変動は重要な要因である。分解能がこの要因のみによって決まると仮定すると，^{60}Co線源から放出される1.33MeVのγ線に対するエネルギー分解能［％］は，^{137}Cs線源のγ線に対するエネルギー分解能のおおよそ　O　倍になると推定される。

<K，Lの解答群>
1　数～数十　　　　　　2　数十～百数十　　　3　数百～千数百
4　千数百～数千　　　　5　数万　　　　　　　6　有意に変化しない

7　低い側にシフトする　　8　高い側にシフトする
＜M～Oの解答群＞
1　1／10幅　2　半値幅　3　標準偏差の2倍の幅　　4　2～5％
5　6～9％　6　12～16％　7　0.4　8　0.7　9　1.0
10　1.4　　11　2.0

Ⅲ　^{137}Csのみを含む試料について，NaI（Tl）シンチレーション検出器により，試料を1,000s，バックグラウンド（BG）を10,000s計測したところ，下表に示す計数値が得られた。前掲の図の（ア＋イ）のパルス波高範囲の計数値を用いた場合，正味の計数率は　P　cps，その標準偏差は　Q　cpsとなる。一方，アのみのパルス波高範囲の計数値を用いた場合には，正味の計数率は　R　cps，その標準偏差は　S　cpsとなる。このことより，　T　のパルス波高範囲の計数値を用いて得られた計数率の方が，その相対誤差は小さいといえる。

		試料	BG
計数時間 [s]		1,000	10,000
計数値	（ア＋イ）	9,200	40,000
	アのみ	1,800	4,000

＜P～Sの解答群＞
1　0.027　2　0.043　3　0.068　4　0.098　5　0.14
6　0.25　7　0.75　8　1.4　9　2.5　10　3.8
11　5.2　12　7.3
＜Tの解答群＞
1　（ア＋イ）　2　アのみ

問5　次のⅠ，Ⅱの文章の　　　　の部分に入る最も適切な語句，数値又は数式を，それぞれの解答群から1つだけ選べ。

Ⅰ　電磁波や荷電粒子線によって物質が照射された際に，軌道電子が原子核の束縛を離れて自由電子となる現象を　A　という。これに対して，軌道電子が基底状態よりもエネルギー準位の高い軌道に遷移するが，なお原子核に束縛されている現象を　B　という。　A　に必要なエネルギーは，　B　に必要なエネルギーに比べて　C　。

気体に荷電粒子線を照射すると，飛跡に沿って多数のイオン対が生じる。このときイオン対が生じた空間に電場をかけると，イオンが陰極に，電子が陽極に向かってそれぞれ移動するため両電極間に　D　が生じる。この　D　を検出し定量することで放射線が計測される。このような原理で動作する放射線検出器を　E　という。同様に，　A　によって生じた電荷を電場で収集することを原理とする放射線検出器であって，放射線のエネルギーを吸収する物質が固体であるものは　F　である。

ここで，荷電粒子線のエネルギーを E [eV]，気体のW値を W [eV]，生じるイオン1個当たりの電荷を q [C] とすると，1つの粒子の入射で気体中に生じる電荷の量（正負のうち片方）は，　ア　Cで表される。W値の大きさは気体の種類によって異なるが，多くの気体では25eVから45eVの範囲にあり，β線に対する空気のW値は約　イ　eVである。一方，固体では1個の電子・正孔対を形成するのに必要なエネルギーは ε 値と呼ばれる。ε 値はおおむね気体のW値と比べて　ウ　。これは，上記の　F　が，エネルギー分解能に優れた放射線検出器であることの理由の一つである。

<A〜Dの解答群>

1　励起　　2　脱励起　　　　3　放射化　　4　散乱　　　5　電離
6　加熱　　7　軌道電子捕獲　8　大きい　　9　小さい
10　発光　11　電流　　　　　12　霧　　　　13　特性X線

<E，Fの解答群>

1　霧箱　　　　　　2　泡箱　　　　3　電離箱　　　4　半導体検出器
5　光電子増倍管　　6　シンチレーション検出器
7　イメージングプレート　　　　　8　フリッケ線量計

<ア〜ウの解答群>

1　qEW　　2　qW/E　　3　EW/q　　4　qE/W　　5　26
6　30　　　　7　34　　　　8　38　　　　9　2桁程度小さい
10　1桁程度小さい　　　　11　1桁程度大きい　　　　12　2桁程度大きい

Ⅱ　高エネルギーの光子（γ線やX線）が物質に入射すると，主にコンプトン散乱，光電効果及び電子対生成の3種類の相互作用を介して，光子のエネルギーが物質に与えられる。

コンプトン散乱では，入射した光子のエネルギーの一部が軌道電子に与えられ，反跳電子が放出される。また，入射した光子は散乱されて進行方向が変わり，エネルギーは低下する。このとき，散乱された光子の波長は，入射した光子の波長に比べて　G　なる。

散乱された光子のエネルギーは散乱角度に依存し，散乱角度が180°のとき，すなわち入射方向へ散乱されるときに最小となる。入射光子のエネルギーが511keVならば，散乱光子のエネルギーの最小値は エ keVであり，波高スペクトルの オ keVに相当する位置付近にはコンプトンエッジが観測される。また，この光子の波長は，散乱によって カ mだけ G なった。なお，プランク定数は4.14×10^{-18} keV·sとする。

光電効果では，入射した光子はエネルギーをすべて軌道電子に与えて消滅し，光電子が放出される。また，光電子が放出された後に，入射光子とは異なるエネルギーの光子が発生することがある。これは，放出された電子の軌道に生じた空席へ外側の軌道の電子が遷移した際に，その余剰エネルギーが光子として放出されたもので H と呼ばれる。また， H の代わりに， I が放出される場合もある。

電子対生成では，入射した光子のエネルギーはすべて電子と陽電子の生成及び電子と陽電子の運動エネルギーに費やされ，光子は消滅する。電子対生成にはしきい値があり，光子のエネルギーが キ keVよりも小さいときには起こらない。このしきい値は，電子 ク 個分の静止質量のエネルギーに相当する。

なお，いわゆる質量とエネルギーの等価性を， J から導いた科学者はアインシュタインである。更に，アインシュタインは光量子仮説によって K を説明することにも成功し，この業績によってノーベル物理学賞を受賞した。また，量子力学にのっとって L の確率（微分断面積）を初めて計算した科学者の一人は仁科芳雄であり，その結果はクライン－仁科の式として知られている。

<G～Iの解答群>
1　短く　　　　2　長く　　　　3　制動X線　　　4　特性X線
5　連続X線　　6　チェレンコフ光　　　　　　　7　オージェ電子
8　陽電子　　　9　電子ニュートリノ　　　　　10　空孔

<J～Lの解答群>
1　光電効果　　　2　コンプトン散乱　　3　電子対生成
4　質量保存の法則　5　万有引力　　　　6　不確定性原理
7　ブラウン運動　　8　統一場理論　　　9　相対性理論

<エ，オの解答群>
1　102　　　2　170　　　3　256　　　4　341　　　5　409
6　511

＜カの解答群＞
1 4.9×10^{-10} 2 4.9×10^{-11} 3 4.9×10^{-12}
4 4.9×10^{-13}
＜キの解答群＞
1 511   2 1,022   3 2,044   4 4,088
＜クの解答群＞
1 1   2 2   3 4   4 8

管理技術 Ⅱ

次の各問について，1から5までの5つの選択肢のうち，適切な答えを1つだけ選びなさい。

問1 次の量と単位の関係として，正しいものの組合せはどれか。
A 預託等価線量 — Sv·y
B カーマ — Gy
C 1 cm 線量当量 — Sv·h^{-1}
D 吸収線量 — Gy
1 AとB 2 AとC 3 AとD 4 BとD 5 CとD

問2 次の記述のうち，正しいものの組合せはどれか。
A EC壊変により，原子核からニュートリノが放出される。
B β^+壊変により，原子核からニュートリノが放出される。
C 核異性体転移によるγ線放出と内部転換電子放出は競合する。
D 自発核分裂により，中性子が放出される。
1 ACDのみ 2 ABのみ 3 BCのみ 4 Dのみ
5 ABCDすべて

問3 壊変定数に関する次の記述のうち，正しいものの組合せはどれか。
A 壊変定数λと半減期Tとの関係は，$\lambda = 1/T$である。
B 分岐壊変の部分壊変定数λ_1，λ_2と全体の壊変定数λとの関係は，$1/\lambda = 1/\lambda_1 + 1/\lambda_2$である。
C 壊変定数は高温高圧下では大きくなる。
D 壊変定数は原子核1個が単位時間当たりに壊変する確率を表している。
E 放射平衡が成立するための条件は，親核種の壊変定数が娘核種の壊変定数よりも小さいときである。
1 AとB 2 AとE 3 BとC 4 CとD 5 DとE

問4 現在，4 MBq の核種 A（半減期：5年）と 1 MBq の核種 B（半減期：30年）の線源がある。両方の線源の放射能は何年後に等しくなるか。最も近い値は，次のうちどれか。
1 6年 2 10年 3 12年 4 20年 5 30年

問 5 コンプトン効果に関する次の記述のうち，正しいものの組合せはどれか。
A γ線の波長は，散乱前より長くなる。
B 原子断面積は，光子エネルギーの増加とともに増加する。
C コンプトン散乱後のγ線が，さらにコンプトン散乱を起こすことがある。
D 原子断面積は，物質の原子番号にほぼ比例する。
1 ACDのみ　　2 ABのみ　　3 BCのみ　　4 Dのみ
5 ABCDすべて

問 6 β線による制動放射線に関する次の記述のうち，正しいものの組合せはどれか。
A 制動放射は，原子核のクーロン場との相互作用により起きる。
B 制動放射線は，β線によって励起された原子核から発生した光子である。
C 制動放射線のエネルギーは，連続スペクトルを示す。
D 制動放射線は，エネルギーの高いβ線の方が発生しやすい。
1 ACDのみ　　2 ABのみ　　3 BCのみ　　4 Dのみ
5 ABCDすべて

問 7 β線と物質との相互作用に関する次の記述のうち，正しいものの組合せはどれか。
A エネルギー損失は，主に軌道電子との相互作用により起きる。
B β線は物質中を直進する。
C 制動放射は，原子核のクーロン場との相互作用により起きる。
D β線には，空気中の飛程が2mを超えるものがある。
1 ACDのみ　　2 ABのみ　　3 BCのみ　　4 Dのみ
5 ABCDすべて

問 8 放射線と物質との相互作用に関する次の記述のうち，正しいものの組合せはどれか。
A α線は物質中ではほとんど直進する。
B β線はα線に比べて制動放射線を発生させやすい。
C γ線は原子番号の小さい物質中ほど，光電効果を起こしやすい。
D 中性子が1回の弾性散乱で失うエネルギーは，衝突する原子核の質量が小さいほど大きい。
1 ABCのみ　　2 ABDのみ　　3 ACDのみ　　4 BCDのみ

5 ABCD すべて

問 9 GM サーベイメータを用い，時定数を 10s に設定して汚染検査を行ったところ，1,200cpm の計数率が得られた。この計数率の相対誤差 [%] として最も近い値は，次のうちどれか。
1 1   2 3   3 5   4 8   5 12

問 10 試料を測定したときの全計数率が 400±20cpm，バックグラウンド計数率が 36±6 cpm であった。正味の計数率とその誤差の表示 [cpm] として正しいものは，次のうちどれか。
1 364±14   2 364±19   3 364±21   4 364±23   5 364±26

問 11 比例計数管に関する次の記述のうち，正しいものの組合せはどれか。
A ハロゲンガスが用いられる。
B ガス増幅は，主にイオンとガス分子との衝突により引き起こされる。
C 得られるパルスの波高は，パルス電離箱よりも大きい。
D 中性子計測に BF_3 比例計数管が用いられる。
1 A と B   2 A と C   3 B と C   4 B と D   5 C と D

問 12 Ge 検出器を用いて ^{24}Na 線源のエネルギースペクトルを測定したところ，図のような結果が得られた。次の記述のうち，正しいものの組合せはどれか。
A ①は，消滅放射線の全吸収ピークである。
B ②と⑥は，コンプトンエッジである。
C ③と⑦は，γ線の全吸収ピークである。
D ④は，シングルエスケープピークである。
E ⑤は，ダブルエスケープピークである。
1 ABC のみ   2 ABE のみ   3 ADE のみ   4 BCD のみ
5 CDE のみ

問 13 液体シンチレーション計数法に関する次の記述のうち，正しいものの組合せはどれか。
A 低エネルギーの β 線を検出することができる。
B α 線に対する計数効率は低い。
C 試料液中の溶存酸素により蛍光強度が増大する。
D 雑音対策のために複数の光電子増倍管を用いて同時計数を行う。
1 AとB　2 AとC　3 AとD　4 BとC　5 BとD

問 14 イメージングプレート（IP）に関する次の記述のうち，正しいものの組合せはどれか。
A 発光材として BaF_2 シンチレータが用いられる。
B 結晶解析（X線測定）に用いられる。
C 電子顕微鏡（電子線測定）に用いられる。
D 放射線照射（露光）から読み取り操作までの時間が長いとフェーディングが起きる。
1 ACDのみ　2 ABのみ　3 ACのみ　4 BDのみ
5 BCDのみ

問 15 放射性同位元素利用機器と密封線源に関する次の組合せのうち，正しいものはどれか。
A レベル計　　　　　—　^{90}Sr, ^{252}Cf
B 密度計　　　　　　—　^{147}Pm, ^{241}Am
C 非破壊検査装置　　—　^{60}Co, ^{192}Ir
D 厚さ計　　　　　　—　^{90}Sr, ^{147}Pm
1 AとB　2 AとC　3 AとD　4 BとC　5 CとD

問 16 次の放射性核種のうち，放出される β 線の最大エネルギーが最も大きいものはどれか。
1 ^3H　2 ^{14}C　3 ^{63}Ni　4 ^{147}Pm　5 ^{192}Ir

問 17 透過型厚さ計に用いられている密封線源について，測定可能な検体の厚さが，厚い順に並んでいるものは，次のうちどれか。
1 ^{147}Pm ＞ ^{90}Sr ＞ ^{137}Cs
2 ^{137}Cs ＞ ^{90}Sr ＞ ^{147}Pm
3 ^{137}Cs ＞ ^{147}Pm ＞ ^{90}Sr

4 ^{90}Sr > ^{147}Pm > ^{137}Cs
5 ^{147}Pm > ^{137}Cs > ^{90}Sr

問18 鉄の質量減弱係数が $0.060\text{cm}^2\cdot\text{g}^{-1}$ のとき，線減弱係数（cm^{-1}）として最も近い値は，次のうちどれか。なお，鉄の密度は $7.9\text{g}\cdot\text{cm}^{-3}$ とする。

1 0.0038   2 0.0076   3 0.060   4 0.47   5 0.95

問19 放射線の遮蔽に関する次の記述のうち，正しいものの組合せはどれか。
A　α線は，厚さ0.3mm程度のゴム手袋で遮蔽される。
B　γ線は原子番号の大きい物質で遮蔽する方が効果的である。
C　高エネルギーのβ線には，制動放射線に対する遮蔽は必要ない。
D　中性子の遮蔽には，通常，鉛が使用される。
1 ACDのみ   2 ABのみ   3 BCのみ   4 Dのみ
5 ABCDすべて

問20 ストロンチウム90の物理的半減期は28年，生物学的半減期は50年とすると，有効半減期［年］として最も近い値は，次のうちどれか。
1 18   2 22   3 28   4 39   5 50

問21 個人被ばく線量計に関する次の記述のうち，正しいものの組合せはどれか。
A　TLD素子を一定の速度で昇温させて得られる温度−蛍光強度曲線を，グローカーブという。
B　OSL線量計において，素子を光照射したとき現れる発光を，ラジオフォトルミネセンスという。
C　蛍光ガラス線量計の発光量が，放射線照射後しばらく経って安定する現象を，ビルドアップ現象という。
D　固体飛跡検出器を強アルカリ水溶液などで処理することを，エッチングという。
1 ACDのみ   2 ABのみ   3 BCのみ   4 Dのみ
5 ABCDすべて

問22 個人被ばく線量の管理に関する次の記述のうち，適切なものの組合せ

はどれか。
A 作業後に個人線量計の破損が判明したため，当該期間の被ばく線量を計算で算出した。
B 妊娠の意思のない旨を許可使用者に書面にて申し出ていたため，個人線量計を胸部に装着した。
C 鉛入り防護衣を着用して作業を行うことから，体幹部（防護衣着用部位）の評価に用いる個人線量計を防護衣の外側に装着した。
D 背面からの被ばくが高いことが明らかだったため，背面にのみ個人線量計を装着した。
1 AとB　2 AとC　3 BとC　4 BとD　5 CとD

問23 γ線の線量当量率が高い場所における作業管理に関する次の記述のうち，個人被ばく管理上，適切なものの組合せはどれか。
A 複数の作業者で交替しながら作業を行わせた。
B 作業者の交替時間を短縮させるため，次の作業者を作業場所に待機させた。
C 作業者の被ばく管理において，蛍光ガラス線量計による定期的な管理のほかに，電子式個人線量計を用いた日管理を行わせた。
D γ線のエネルギーが低かったため，鉛入り防護衣を着用させなかった。
1 AとB　2 AとC　3 BとC　4 BとD　5 CとD

問24 細胞が放射線被ばくした後に見られる影響発生過程に関する次の記述のうち，正しいものの組合せはどれか。
A バイスタンダー効果は，放射線に被ばくした細胞自体に特異的に見られる。
B ゲノム不安定性によって，放射線被ばくの長期間経過後でも突然変異の誘発頻度が高くなる。
C あらかじめ低線量の被ばくを受けると，後の高線量被ばくに対して，より高い放射線感受性を示す現象を適応応答という。
D DNAのメチル化などによる遺伝子の発現制御（エピジェネティックス）を介した遺伝形質の変化は，塩基配列の変化を伴う遺伝的影響とは区別される。
1 AとB　2 AとC　3 AとD　4 BとC　5 BとD

問25 放射線で誘発される染色体異常のうち，安定型に分類されるものの組

合せはどれか。
A　環状染色体　　　B　逆位　　　C　二動原体染色体　　D　転座
1　AとB　　2　AとC　　3　AとD　　4　BとC　　5　BとD

問 26　放射線の胎内被ばくに関する次の記述のうち，正しいものの組合せはどれか。
A　胎内での死亡は着床前期での被ばくで多い。
B　精神遅滞は受精後2～6週の間の被ばくで最も発生しやすい。
C　奇形の発生は妊娠後期での被ばくで多い。
D　がんは器官形成期以降のどの時期に被ばくしても発生する可能性がある。
1　AとB　　2　AとC　　3　AとD　　4　BとC　　5　BとD

問 27　放射線の人体への影響に関する次の記述のうち，正しいものの組合せはどれか。
A　身体的影響はすべて被ばく直後の急性障害として現れる。
B　悪性腫瘍の発生は身体的影響である。
C　放射線により誘発される悪性腫瘍の悪性度は線量によらない。
D　被ばく線量に応じて重篤度の増す障害は確率的影響とみなされる。
1　AとB　　2　AとC　　3　BとC　　4　BとD　　5　CとD

問 28　細胞の放射線感受性の修飾に関する次の記述のうち，正しいものの組合せはどれか。
A　放射線により生成されるラジカルの致死作用は，ラジカルスカベンジャーと反応することによって軽減される。
B　SH基を有する化合物は放射線防護作用を有する。
C　放射線と温熱の併用による増感効果は，臨床的にも応用されている。
D　細胞を低LET放射線で照射するとき，放射線感受性は酸素分圧の増加に伴って低下する。
1　ABCのみ　　2　ABDのみ　　3　ACDのみ　　4　BCDのみ
5　ABCDすべて

問 29　1Gyのγ線を全身均等被ばくしたとき，急性放射線障害として起こりうるものは，次のうちどれか。
1　頭部脱毛　　　　　2　永久不妊　　　　　3　腸出血
4　慢性リンパ性白血病　　5　はきけ

問 30 自然放射線被ばくへの寄与の大きい順に並んでいるのは，次のうちどれか。

A 宇宙放射線により生成される ^{14}C
B 食品から摂取される ^{40}K
C 空気中に存在する ^{222}Rn とその娘核種

1 A＞B＞C　　2 A＞C＞B　　3 B＞A＞C　　4 C＞A＞B
5 C＞B＞A

法令

放射性同位元素等による放射線障害の防止に関する法律（以下「放射線障害防止法」という。）及び関係法令について解答せよ。

次の各問について，1から5までの5つの選択肢のうち，適切な答えを1つだけ選びなさい。

なお，問題文中の波線部は，現行法令に適合するように直した箇所である。

問1 放射線障害防止法の目的に関する次の文章の｜ A ｜～｜ D ｜に該当する語句について，放射線障害防止法上定められているものの組合せは，下記の選択肢のうちどれか。

「この法律は，原子力基本法の精神にのっとり，放射性同位元素の使用，｜ A ｜，廃棄その他の取扱い，放射線発生装置の使用及び放射性同位元素又は放射線発生装置から発生した放射線によって汚染された物（以下「放射性汚染物」という。）の廃棄その他の取扱いを｜ B ｜することにより，これらによる｜ C ｜を防止し，｜ D ｜の安全を確保することを目的とする。」

	A	B	C	D
1	保管，運搬	規制	放射線障害	作業者
2	販売，賃貸	制限	被ばく等	作業者
3	販売，賃貸	規制	放射線障害	公共
4	保管，運搬	制限	放射線障害	公共
5	販売，賃貸	規制	被ばく等	公共

問2 次の記述のうち，放射線障害防止法上の「放射線」に該当するものの組合せはどれか。

A　1メガ電子ボルト以上のエネルギーを有する電子線及びエックス線
B　ガンマ線及び特性エックス線（軌道電子捕獲に伴って発生する特性エックス線に限る。）
C　中性子線
D　アルファ線，重陽子線，陽子線その他の重荷電粒子線及びベータ線

1　ABCのみ　　2　ABDのみ　　3　ACDのみ　　4　BCDのみ
5　ABCDすべて

問3 使用の届出に関する次の記述のうち，放射線障害防止法上正しいものの組合せはどれか。

A 届出使用者は，使用の場所を変更したときは，変更の日から30日以内に，その旨を原子力規制委員会に届け出なければならない。
B 届出使用者は，法人の代表者の氏名を変更したときは，変更の日から30日以内に，その旨を原子力規制委員会に届け出なければならない。
C 届出使用者は，使用の目的及び方法を変更しようとするときは，あらかじめ，その旨を原子力規制委員会に届け出なければならない。
D 届出使用者は，氏名又は名称を変更しようとするときは，あらかじめ，その旨を原子力規制委員会に届け出なければならない。
1　AとB　　2　AとC　　3　BとC　　4　BとD　　5　CとD

問4 密封された放射性同位元素の使用の許可を受けようとする者が，原子力規制委員会に提出する申請書に記載しなければならない事項として，放射線障害防止法上定められているものの組合せは，次のうちどれか。
A 使用の場所
B 使用の目的及び方法
C 放射性同位元素を貯蔵する施設の位置，構造，設備及び貯蔵能力
D 廃棄の場所及び方法
1　ABCのみ　　2　ABDのみ　　3　ACDのみ　　4　BCDのみ
5　ABCDすべて

問5 次のうち，届出賃貸業者が，あらかじめ，原子力規制委員会に届け出なければならない変更事項として，放射線障害防止法上定められているものの組合せはどれか。
A 特定放射性同位元素の賃貸予定期間
B 氏名又は名称及び住所並びに法人にあっては，その代表者の氏名
C 放射性同位元素の種類
D 賃貸事業所の所在地
1　ABCのみ　　2　ABのみ　　3　ADのみ　　4　CDのみ
5　BCDのみ

問6 使用施設の技術上の基準に関する次の記述のうち，放射線障害防止法上正しいものの組合せはどれか。
A 使用施設内の人が常時立ち入る場所における線量は，実効線量で1週間につき1.3ミリシーベルト以下としなければならない。
B 工場又は事業所内の人が居住する区域における線量は，実効線量で3月間

につき250マイクロシーベルト以下としなければならない。
C　工場又は事業所の境界における線量は，実効線量で3月間につき250マイクロシーベルト以下としなければならない。
D　病院又は診療所（介護保険法で定められた介護老人保健施設を除く。）の病室における線量は，実効線量で3月間につき1.3ミリシーベルト以下としなければならない。

1　ABCのみ　　2　ABDのみ　　3　ACDのみ　　4　BCDのみ
5　ABCDすべて

問7　許可使用に係る使用の場所の一時的変更届に添えなければならない書類として，放射線障害防止法上定められているものの組合せは，次のうちどれか。
A　一時的に使用する場所の所有者の許可を証明する書面
B　使用の場所及びその付近の状況を説明した書面
C　放射線障害を防止するために講ずる措置を記載した書面
D　使用の場所を中心とし，管理区域及び標識を付ける箇所を示し，かつ，縮尺及び方位を付けた使用の場所及びその付近の平面図

1　ABCのみ　　2　ABのみ　　3　ADのみ　　4　CDのみ
5　BCDのみ

問8　1個当たりの数量が185ギガベクレルの密封されたイリジウム192を装備した非破壊検査装置1台のみを使用している者が，非破壊検査の目的のため，事業所の外において一時的に使用の場所を変更して当該装置を使用する場合に，あらかじめ，原子力規制委員会に対してとるべき手続きに関する次の記述のうち，放射線障害防止法上正しいものはどれか。なお，イリジウム192の特別形放射性同位元素等である場合の数量（A_1値）は，1テラベクレルである。また，その下限数量は，10キロベクレルであり，かつ，その濃度は，原子力規制委員会の定める濃度を超えるものとする。

1　許可使用に係る使用の場所の一時的変更の届出をしなければならない。
2　許可使用に係る軽微な変更の届出をしなければならない。
3　許可使用に係る変更の許可を，必ず受けなければならない。
4　届出使用に係る使用の場所の一時的変更の届出をしなければならない。
5　届出使用に係る変更の届出をしなければならない。

問 9 次のうち，許可使用者の許可証に記載される事項として，放射線障害防止法上定められているものの組合せはどれか。
A 許可の年月日及び許可の番号　　B 放射線取扱主任者の氏名
C 使用の方法　　　　　　　　　　D 貯蔵施設の貯蔵能力
E 許可の条件
1　ABCのみ　　2　ABEのみ　　3　ADEのみ　　4　BCDのみ
5　CDEのみ

問 10　1個当たりの数量が7.4ギガベクレルの密封されたセシウム137を装備した密度計1台を使用している許可使用者が，許可使用に関する軽微な変更に係る変更届で変更できる場合として，放射線障害防止法上正しいものの組合せは，次のうちどれか。
A 表示付認証機器である密度計3台を新たに追加して使用する場合
B 使用施設の管理区域を拡大する場合（ただし，工事を伴わないものに限る。）
C 使用中の密度計と同種，同型の装置であって，1個当たりの数量が3.7ギガベクレルの密封されたセシウム137を装備した密度計1台に更新する場合
D 密度計に装備されたセシウム137の使用時間数を増加する場合
1　AとB　　2　AとC　　3　BとC　　4　BとD　　5　CとD

問 11 次のうち，放射性同位元素装備機器を製造しようとする者であって特定設計認証を受けようとする者が，原子力規制委員会又は登録認証機関に提出しなければならない申請書に記載する事項として，放射線障害防止法上定められているものの組合せはどれか。
A 放射性同位元素装備機器の年間使用時間
B 放射性同位元素装備機器に装備する放射性同位元素の保管を委託する者の氏名又は名称及び住所
C 放射性同位元素装備機器に装備する放射性同位元素の種類及び数量
D 放射性同位元素装備機器の名称及び用途
1　ABCのみ　　2　ABのみ　　3　ADのみ　　4　CDのみ
5　BCDのみ

問 12 次のうち，特定設計認証を受けることができる放射性同位元素装備機器として，放射線障害防止法上定められているものの組合せはどれか。なお，これらの機器はその表面から10センチメートル離れた位置

における1センチメートル線量当量率が1マイクロシーベルト毎時以下であるものとする。

A 煙感知器　　　　　　B レーダー受信部切替放電管
C 集電式電位測定器　　D 熱粒子化式センサー
1 ABCのみ　　2 ABDのみ　　3 ACDのみ　　4 BCDのみ
5 ABCDすべて

問13 1個当たりの数量が3.7ギガベクレルの密封されたストロンチウム90を装備したベータ線厚さ計のみ4台を使用している者が，装置の経年劣化により，同じ使用の目的で1個当たりの数量が7.4ギガベクレルの密封されたクリプトン85を装備したベータ線厚さ計2台に同時更新し，使用することになった。この場合に，あらかじめ，原子力規制委員会に対してとるべき手続きに関する次の記述のうち，放射線障害防止法上正しいものはどれか。なお，ストロンチウム90の下限数量は10キロベクレル，クリプトン85の下限数量は10キロベクレルであり，かつ，その濃度は，原子力規制委員会の定める濃度を超えるものとする。

1 届出使用に係る変更の届出をしなければならない。
2 許可使用に係る申請をしなければならない。
3 許可使用に係る変更許可申請をしなければならない。
4 許可使用に係る軽微な変更の届出をしなければならない。
5 許可使用に係る使用の場所の一時的変更の届出をしなければならない。

問14 使用の技術上の基準に関する次の文章の A ～ C に該当する語句について，放射線障害防止法上定められているものの組合せは，下記の選択肢のうちどれか。

「密封された放射性同位元素の使用をする場合には，その放射性同位元素を常に次に適合する状態において使用をすること。
イ　正常な使用状態においては， A 又は B されるおそれのないこと。
ロ　密封された放射性同位元素が漏えい，浸透等により C して汚染するおそれのないこと。」

	A	B	C
1	開封	破壊	散逸
2	破壊	盗取	拡散
3	紛失	盗取	散逸

| 4 | 開封 | 盗取 | 拡散 |
| 5 | 紛失 | 破壊 | 漏出 |

問15 保管の基準に関する次の記述のうち，放射線障害防止法上定められているものの組合せはどれか。

A　貯蔵箱は，周囲の温度の範囲において，破損等の生じるおそれがないこと。
B　貯蔵施設には，その貯蔵能力を超えて放射性同位元素を貯蔵しないこと。
C　貯蔵施設の目につきやすい場所に，放射線障害の防止に必要な注意事項を掲示すること。
D　貯蔵箱について，放射性同位元素の保管中これをみだりに持ち運ぶことができないようにするための措置を講ずること。

1　ABCのみ　　2　ABDのみ　　3　ACDのみ　　4　BCDのみ
5　ABCDすべて

問16 A型輸送物に係る技術上の基準に関する次の記述のうち，放射線障害防止法上定められているものの組合せはどれか。

A　容易に，かつ，安全に取り扱うことができること。
B　表面に不要な突起物がなく，かつ，表面の汚染の除去が容易であること。
C　表面における1センチメートル線量当量率の最大値が20ミリシーベルト毎時を超えないこと。
D　外接する直方体の各辺が10センチメートル以上であること。

1　ABCのみ　　2　ACDのみ　　3　ABDのみ　　4　BCDのみ
5　ABCDすべて

問17 届出使用者が行うこととされている場所に係る放射線の量の測定に関する次の記述のうち，放射線障害防止法上正しいものの組合せはどれか。

A　70マイクロメートル線量当量が1センチメートル線量当量の10倍を超えるおそれのある場所においては，70マイクロメートル線量当量について放射線の量の測定を行うこと。
B　作業を開始した後にあっては，下限数量の1,000倍の密封された放射性同位元素のみを取り扱うときの放射線の量の測定は，6月を超えない期間ごとに1回行うこと。
C　作業を開始した後にあっては，下限数量の1,000倍を超える密封された放

射性同位元素を固定して取り扱う場所であって，取扱いの方法及び遮蔽壁その他の遮蔽物の位置が一定しているときの放射線の量の測定は，6月を超えない期間ごとに1回行うこと。
D 事業所等外において人が居住する区域の放射線の量の測定は，1月を超えない期間ごとに1回行うこと。
1 ABCのみ　2 ABのみ　3 ADのみ　4 CDのみ
5 BCDのみ

問18 密封された放射性同位元素のみを使用する許可使用者が，放射線障害予防規程に記載すべき事項として，放射線障害防止法上定められているものの組合せは，次のうちどれか。
A 放射線障害を防止するために必要な教育及び訓練に関すること。
B 放射線障害を受けた者又は受けたおそれのある者に対する保健上必要な措置に関すること。
C 使用施設等の変更の手続きに関すること。
D 危険時の措置に関すること。
1 ABCのみ　2 ABDのみ　3 ACDのみ　4 BCDのみ
5 ABCDすべて

問19 放射線業務従事者の一定期間内における線量限度に関する次の記述のうち，放射線障害防止法上定められているものの組合せはどれか。
A 皮膚については，4月1日を始期とする1年間につき1000ミリシーベルト
B 平成13年4月1日以後5年ごとに区分した各期間につき100ミリシーベルト
C 眼の水晶体については，4月1日を始期とする1年間につき500ミリシーベルト
D 4月1日を始期とする1年間につき50ミリシーベルト
1 AとB　2 AとC　3 BとC　4 BとD　5 CとD

問20 教育訓練に関する次の記述のうち，放射線障害防止法上正しいものの組合せはどれか。ただし，対象者には，教育及び訓練の項目又は事項について十分な知識及び技能を有していると認められる者は，含まれていないものとする。
A 放射線業務従事者に対しては，初めて管理区域に立ち入る前及び管理区域に立ち入った後にあっては1年を超えない期間ごとに行わなければならな

い。
B 放射線業務従事者が初めて管理区域に立ち入る前に行う教育及び訓練の時間数は，定められていない。
C 取扱等業務に従事する者であって，管理区域に立ち入らないものに対しては，取扱等業務を開始する前に行う教育及び訓練の時間数は定められていない。
D 放射線業務従事者に対する教育及び訓練には，「放射線の人体に与える影響」と「放射線障害予防規程」の2つの項目が含まれている。
1 ABCのみ　2 ABのみ　3 ADのみ　4 CDのみ
5 BCDのみ

問21 次のうち，放射線業務従事者の健康診断の結果について，健康診断のつど記録しなければならない事項として，放射線障害防止法上定められているものの組合せはどれか。
A 対象者の氏名
B 健康診断を行った医師名
C 健康診断の結果に基づいて講じた措置
D 健康診断の結果を記録した者の氏名
1 ABCのみ　2 ABのみ　3 ADのみ　4 CDのみ
5 BCDのみ

問22 放射線障害を受けた者又は受けたおそれのある者に対する措置に関する次の文章の　A　～　C　に該当する語句について，放射線障害防止法上定められているものの組合せは，下記の選択肢のうちどれか。
「放射線業務従事者以外の者が放射線障害を受け，又は受けたおそれのある場合には，　A　，医師による　B　，必要な　C　等の適切な措置を講ずること。」

	A	B	C
1	放射線障害を受けたおそれの程度に応じ	診断	保健指導
2	放射線障害を受けたおそれの程度に応じ	問診	健康診断
3	遅滞なく	診断	保健指導
4	直ちに	問診	保健指導
5	遅滞なく	問診	健康診断

問23 次のうち，届出販売業者が備えるべき帳簿に記載しなければならない

事項の細目として，放射線障害防止法上定められているものの組合せはどれか。

A 保管を委託した放射性同位元素の種類及び数量
B 放射性同位元素の保管の委託の年月日，期間及び委託先の氏名又は名称
C 受入れに係る放射性同位元素の種類及び数量
D 放射線施設に立ち入る者に対する教育及び訓練の実施年月日，項目並びに当該教育及び訓練を実施した者の氏名

1　AとB　　2　AとC　　3　AとD　　4　BとC　　5　BとD

問 24　使用の廃止等に伴う措置に関する次の記述のうち，放射線障害防止法上正しいものの組合せはどれか。

A 届出使用者が，その届出に係る放射性同位元素のすべての使用を廃止したため，その届出に係る放射性同位元素を，廃止の日から10日後に，届出販売業者に譲り渡した。
B 届出使用者が，その届出に係る放射性同位元素のすべての使用を廃止したため，選任されていた放射線取扱主任者に廃止措置の監督をさせた。
C 届出使用者が，その届出に係る放射性同位元素のすべての使用を廃止したため，放射線業務従事者の受けた放射線の量の測定結果の記録を廃止措置計画の計画期間内に，原子力規制委員会の指定する機関に引き渡した。
D 表示付認証機器届出使用者が，その届出に係る表示付認証機器のすべての使用を廃止したため，使用の廃止の日に，その届出に係る表示付認証機器を届出販売業者に譲り渡した。

1　ABCのみ　　2　ABDのみ　　3　ACDのみ　　4　BCDのみ
5　ABCDすべて

問 25　事故届に関する次の文章の　A　〜　C　に該当する語句について，放射線障害防止法上定められているものの組合せは，下記の選択肢のうちどれか。

「許可届出使用者等（表示付認証機器使用者及び表示付認証機器使用者から　A　を委託された者を含む。）は，その所持する放射性同位元素について　B　その他の事故が生じたときは，遅滞なく，その旨を　C　に届け出なければならない。」

	A	B	C
1	運搬	盗取，所在不明	自衛官又は海上保安官
2	保管	破損，放射線障害の発生	医師又は看護師

3	廃棄	破損，放射線障害の発生	警察官又は海上保安官
4	運搬	盗取，所在不明	警察官又は海上保安官
5	保管	盗取，所在不明	警察官又は自衛官

問26 所持の制限に関する次の記述のうち，放射線障害防止法上正しいものの組合せはどれか。

A 許可使用者は，その許可証に記載された種類の放射性同位元素をその許可証に記載された貯蔵施設の貯蔵能力の範囲内で所持することができる。
B 届出使用者は，その届け出た種類の放射性同位元素をその届け出た貯蔵施設の貯蔵能力の範囲内で所持することができる。
C 届出販売業者は，その届け出た種類の放射性同位元素を運搬のために所持することができる。
D 届出賃貸業者から放射性同位元素の運搬を委託された者は，その委託を受けた放射性同位元素を所持することができる。

1　ABCのみ　　2　ABDのみ　　3　ACDのみ　　4　BCDのみ
5　ABCDすべて

問27 次のうち，第2種放射線取扱主任者免状を有する者を放射線取扱主任者として選任することができる事業者として，放射線障害防止法上正しいものの組合せはどれか。

A 密封されていない放射性同位元素のみを販売する届出販売業者
B 1個当たりの数量が10テラベクレルの密封された放射性同位元素のみを賃貸する届出賃貸業者
C 密封された放射性同位元素のみを販売する届出販売業者
D 1個当たりの数量が10テラベクレルの密封された放射性同位元素のみを使用する許可使用者

1　ABCのみ　　2　ABのみ　　3　ADのみ　　4　CDのみ
5　BCDのみ

問28 次のうち，密封された放射性同位元素（表示付認証機器又は表示付特定認証機器に装備されているものを除く。）の譲渡し，譲受け等が認められる場合として，放射線障害防止法上定められているものの組合せはどれか。

A 許可使用者がその許可証に記載された種類の放射性同位元素を，その許可証に記載された貯蔵施設の貯蔵能力の範囲内で譲り受ける場合

B 届出使用者がその届け出た種類の放射性同位元素を，その届け出た貯蔵施設の貯蔵能力の範囲内で譲り受ける場合
C 届出販売業者がその届け出た種類以外の放射性同位元素を，許可使用者に譲り渡す場合
D 届出賃貸業者がその届け出た種類の放射性同位元素を，借り受ける場合
1 ABCのみ　2 ABDのみ　3 ACDのみ　4 BCDのみ
5 ABCDすべて

問29 放射線取扱主任者に定期講習を受講させなければならない事業者として，放射線障害防止法上正しいものの組合せはどれか。
A 許可使用者
B 届出使用者
C 届出販売業者（表示付認証機器のみを販売する者並びに放射性同位元素又は放射性同位元素によって汚染された物の運搬及び運搬の委託を行わない者を除く。）
D 届出賃貸業者（表示付認証機器のみを賃貸する者並びに放射性同位元素又は放射性同位元素によって汚染された物の運搬及び運搬の委託を行わない者を除く。）
1 ABCのみ　2 ABDのみ　3 ACDのみ　4 BCDのみ
5 ABCDすべて

問30 報告の徴収に関する次の記述のうち，放射線障害防止法上正しいものの組合せはどれか。
A 届出販売業者から運搬を委託された者は，放射性同位元素の盗取又は所在不明が生じたときは，その旨を直ちに，その状況及びそれに対する処置を30日以内に原子力規制委員会に報告しなければならない。
B 届出使用者は，放射線施設を廃止したときは，放射性同位元素による汚染の除去その他の講じた措置を，放射線施設の廃止に伴う措置の報告書により30日以内に原子力規制委員会に報告しなければならない。
C 許可使用者は，放射線業務従事者について実効線量限度若しくは等価線量限度を超え，又は超えるおそれのある被ばくがあったときは，その旨を直ちに，その状況及びそれに対する処置を30日以内に原子力規制委員会に報告しなければならない。
D 届出賃貸業者は，放射線管理状況報告書を毎年4月1日からその翌年の3月31日までの期間について作成し，当該期間の経過後3月以内に原子力規制

委員会に提出しなければならない。
1 ACDのみ   2 ABのみ   3 ACのみ   4 BDのみ
5 BCDのみ

第3回 問題

問題数と試験時間を次に示します。解答にかけられる時間は，管理技術Ⅰが1問あたり平均21分，管理技術Ⅱと法令が1問あたり平均2.5分となっています。時間配分に注意して，難しいと思われる問題にできるだけ時間を充てられるようにしましょう。

問題数と試験時間

課目	問題数	試験時間
管理技術Ⅰ	5問	105分
管理技術Ⅱ	30問	75分
法令	30問	75分

解答一覧　　P.112
解答解説　　P.190

管理技術 I

問 1 次の I, II の文章の □ の部分に入る最も適切な語句を，それぞれの解答群から 1 つだけ選べ。なお，解答群の選択肢は必要に応じて 2 回以上使ってもよい。

I　放射線障害防止法施行規則で定められている健康診断の方法は，問診と検査又は検診である。検査又は検診の対象となる部位と項目は，イ）□ A □中の□ B □量又は□ C □値，赤血球数，白血球数及び□ D □，ロ）皮膚，ハ）眼，ニ）その他原子力規制委員会（出題時は，文部科学大臣）が定める部位及び項目である。

血液細胞は主に骨髄で作られ，造血の源となる多能性造血細胞から分かれて，赤血球，血小板，白血球，リンパ球に分化する。骨髄は放射線感受性が高く，1～2 Gy の急性被ばくで骨髄障害が現れ，白血球減少，血小板減少，貧血などが起こる。

□ B □量は□ E □に含まれるヘモグロビン量を，□ C □値は□ F □の容積を，それぞれ，単位血液量に占める割合で表したもので，どちらも骨髄障害による貧血の指標となる。

□ G □は，顆粒球，単球，リンパ球に分類され，さらに顆粒球は好中球，好塩基球，好酸球に分けられる。好中球の炎症部への集合による細菌の貪食，活性酸素や殺菌性酵素による殺菌効果などにより生体を防御する。単球はマクロファージへと分化し，やはり，細菌の貪食などの働きをする。リンパ球には，□ H □，□ I □，NK（ナチュラルキラー）細胞などがあり，□ H □は免疫グロブリンを産生し液性免疫を，□ I □はウイルス感染細胞を殺傷し細胞性免疫を担う。リンパ球は放射線感受性が非常に高く，0.5Gy 以上の放射線を急性被ばくすると 1～2 日以内に線量の増加に伴って細胞数の減少が見られる。

＜A～D の解答群＞

1	末しょう血液	2	髄液	3	尿	4	ヘマトクリット
5	タンパク	6	BMI	7	血色素	8	血糖
9	コレステロール	10	中性脂肪	11	血小板		
12	血圧	13	肝機能	14	白血球百分率	15	尿素窒素

＜E～G の解答群＞

1	線維芽細胞	2	骨芽細胞	3	幹細胞	4	赤血球
5	白血球	6	血小板	7	巨核球	8	骨髄芽球

<H, Iの解答群>
1　AT細胞　　2　B細胞　　3　C細胞　　4　ES細胞　　5　G細胞
6　iPS細胞　　7　M細胞　　8　S細胞　　9　T細胞　　10　XP細胞

Ⅱ　皮膚は被ばく線量に応じて，脱毛，紅斑，水泡，糜爛，潰瘍を生じる。皮膚は，　J　，真皮，皮下組織からなり，付属器官には汗腺，皮脂腺，毛囊，血管などがある複雑な組織である。被ばく後，皮膚で敏感に反応するのは，　J　の最下層にある　K　で，増殖阻害などが起こる。線量と被ばく後経過時間に応じて上記のような様々な障害が現れるが，約2～3Gy被ばくすると，毛細血管の拡張によって　L　が，毛囊の障害によって　M　が起こる。20～30Gy以上の高線量を急性被ばくすると，皮下組織が壊死となって難治性の　N　が起こる。

　眼の水晶体も放射線感受性の高い組織で，放射線を被ばくすると水晶体前面の上皮の分裂細胞が損傷を受け，障害を受けた細胞は徐々に後方に移動し，　O　の被膜下に蓄積し，　P　の原因となる。水晶体の後部皮膜下に乳白色の　P　を形成した疾病が　Q　である。なお，　Q　は，　R　障害に分類される。

<Jの解答群>
1　表皮　　2　粘膜　　3　中皮
<Kの解答群>
1　角質細胞　2　顆粒細胞　3　有棘細胞　4　基底細胞　5　色素細胞
6　ランゲルハンス細胞　　7　樹状細胞
<L～Nの解答群>
1　無汗症　　2　永久脱毛　　3　一時的脱毛　　4　アトピー性皮膚炎
5　汗疱　　6　白癬　　7　乾性落屑　　8　潰瘍
9　初期紅斑　10　水泡
<O～Qの解答群>
1　水晶体核　　　　2　胚細胞帯　　　　3　水晶体赤道
4　後極　　　　　　5　前極　　　　　　6　網膜
7　硝子体　　　　　8　緑内障　　　　　9　白内障
10　網膜剥離　　　　11　飛蚊症　　　　　12　混濁
13　角膜潰瘍　　　　14　自己溶解　　　　15　脱落
<Rの解答群>
1　遺伝的　　　　2　確率的　　　　3　急性
4　晩発　　　　　5　先天的　　　　6　特発性

問 2 次の I〜III の文章の ☐ の部分に入る最も適切な語句，記号又は数値を，それぞれの解答群から1つだけ選べ。

右図のようなコンクリート壁（厚さ50cm）で囲まれた貯蔵施設に，密封された ^{60}Co 線源 S が鉛容器（厚さ1cm）に格納され貯蔵されている。

管理区域境界についてはコンクリート外壁面とし，^{60}Co 線源 S から管理区域境界及び事業所境界までで最も近い場所はそれぞれ P 点，Q 点であり，線源 S からの距離は1m及び10mである。

ただし，本施設では ^{60}Co 線源 S を貯蔵するのみであり，使用しないものとする。また，それぞれの評価点においては，散乱線及びスカイシャインの影響や事業所内の他の使用施設等からの影響は考えないものとする。なお，^{60}Co 線源に対するγ線の実効線量率定数及び実効線量透過率は以下のとおりとする。

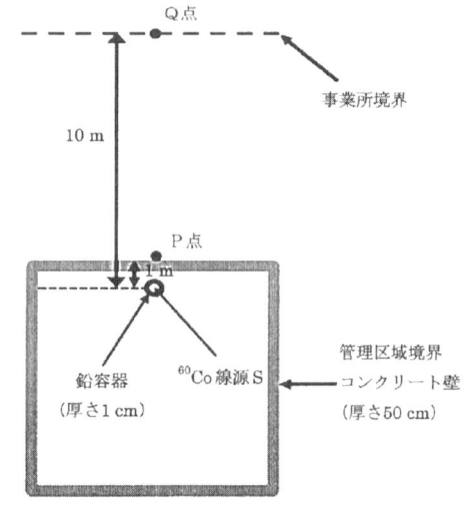

実効線量率定数（μSv·m²·MBq⁻¹·h⁻¹）		0.31
実効線量透過率	鉛（厚さ1cm）	6.5×10^{-1}
	コンクリート（厚さ50cm）	2.4×10^{-2}

I 本施設で，^{60}Co 線源 S として370MBq 線源1個を貯蔵した場合，P 点及び Q 点における実効線量率はそれぞれ ☐A☐ μSv·h⁻¹ 及び ☐B☐ μSv·h⁻¹ となる。

ここで，管理区域境界及び事業所境界の3月間における評価時間をそれぞれ，500時間，2184時間とすると，3月間における実効線量はそれぞれ ☐C☐ mSv 及び ☐D☐ μSv となる。よって，P 点，Q 点においては，法令で定めるそれぞれの3月間における実効線量 ☐E☐ mSv 及び ☐F☐ μSv を超えない。

<A〜F の解答群>

1 1.8×10^{-2}　2 5.8×10^{-2}　3 1.8×10^{-1}　4 0.9　5 1.0
6 1.3　7 1.5　8 1.8　9 2.8　10 5.8
11 40　12 75　13 125　14 250　15 400

管理技術 I

Ⅱ 本施設では，^{60}Co 線源 S の放射能が現在の放射能の 1／3 まで減衰したら，線源を交換することとしている。このため，線源の交換はおよそ　G　年後に実施することとなる。なお，ln2，ln3 をそれぞれ 0.69，1.1 とする。

また，設問 I における管理区域境界や事業所境界の評価を踏まえ，^{60}Co 線源 S の放射能を変更する場合，評価上は最大　H　MBq 程度まで貯蔵することが可能である。例えば，^{60}Co 線源 S を放射能 2.7GBq の線源に変更する場合には，鉛容器の厚さを変更する必要がある。ここで，^{60}Co の γ 線に対する鉛の半価層を 1.3cm として評価すると，鉛容器の厚さを少なくともおよそ　I　cm に変更する必要がある。

<Gの解答群>
1 3.5   2 5.5   3 8.5   4 12   5 17

<Hの解答群>
1 120   2 410   3 530   4 790   5 2400

<Iの解答群>
1 2.6   2 3.9   3 6.5   4 9.1   5 13

Ⅲ 本施設では，放射線業務従事者の個人被ばく管理に蛍光ガラス線量計，場所の測定に電離箱式サーベイメータを使用している。

蛍光ガラス線量計は，放射線照射された　J　を　K　で刺激することにより蛍光を発する現象を利用した線量計であり，特徴として，繰り返し読取りが可能で，フェーディングの影響はフィルムバッジと比べ　L　，素子間の特性のばらつきが小さいなどが挙げられる。

電離箱式サーベイメータは，主として γ（X）線と電離箱壁材との相互作用により発生する　M　の　N　作用で生じる　O　を測定することにより放射線を計測している。

一般的に，電離箱式サーベイメータは，NaI（Tl）シンチレーション式サーベイメータと比べ，エネルギー依存性は　P　，感度は　Q　。

<Jの解答群>
1 硫酸鉄（Ⅱ）   2 酸化アルミニウム   3 硫酸カルシウム
4 フッ化リチウム 5 銀活性リン酸ガラス 6 BaFBr
7 CdTe

<Kの解答群>
1 熱   2 赤外線   3 可視光   4 紫外線   5 電場
6 NaOH   7 KOH

＜Lの解答群＞
1　大きい　　2　小さい　　3　同程度
＜Mの解答群＞
1　励起分子　2　オージェ電子　　3　反跳電子　　4　陽子
5　ラジカル　6　二次電子
＜Nの解答群＞
1　ガス増幅　2　発熱　　3　発光　　4　励起　　5　電離
6　酸化　　　7　還元
＜Oの解答群＞
1　原子数　　2　発熱量　　3　発光量　　4　吸光度　　5　電流
6　分子数
＜Pの解答群＞
1　小さく　　　　　2　大きく
＜Qの解答群＞
1　高い　　　　　　2　低い　　　　　3　等しい

問3　次のⅠ～Ⅲの文章の　　　の部分に入る最も適切な語句，記号又は数値を，それぞれの解答群から1つだけ選べ。なお，解答群の選択肢は必要に応じて2回以上使ってもよい。

Ⅰ　ある事業所で30MBqの ^{137}Cs 密封線源の所在不明が判明した。その旨を，遅滞なく　A　に届け出るとともに，事業所内を捜すこととした。この密封線源からは，^{137}Cs の娘核種の　B　より，エネルギー　C　keVの　D　線が放出されているので，　E　式サーベイメータを用いることとした。

＜A～Eの解答群＞
1　販売業者　2　保健所　　3　警察官　　4　^{137m}Ba　　5　^{137m}Cs
6　^{137m}Xe　7　364　　　8　662　　　9　1330　　10　β
11　γ　　　12　中性子　13　^{3}He 比例計数管
14　ZnS（Ag）シンチレーション　　　　15　GM管

Ⅱ　設問Ⅰで使用することとしたサーベイメータの表示部には，線量率と計数率とが目盛られている。この線量率とは　F　率である。
　まず，レンジスイッチを，フルスケール3.0μSv・h^{-1}（線量率）及び10cps（計数率）のレンジに設定し，バックグラウンドを測定したところ，

0.20μSv·h^{-1} であった．線源捜索中に，仮に指示値が 0.50μSv·h^{-1} を指したとすると，線源は，その場所から ─G─ m 離れたところにあると推定される．ただし，^{137}Cs の ─F─ 率定数を 0.090μSv·m^2·MBq^{-1}·h^{-1} とし，線源とサーベイメータの間の物質による吸収と散乱はないと仮定する．このレンジの時定数は10sであるので，この指示値 0.50μSv·h^{-1} の相対誤差は ─H─ ％となる．

なお，線量率が変化しても，すぐに最終指示値が得られないことに注意する必要がある．例えば，時定数が10sのとき，指示値が変化し始めてから10秒後の指示値の変化分は，最終的な指示値の変化分の ─I─ ％となる．ただし，e = 2.7 とする．

＜F～Iの解答群＞

1	照射線量	2	吸収線量	3	1cm 線量当量	4	0.8	5	1.5
6	2.3	7	3.0	8	8.0	9	12	10	17
11	22	12	50	13	63	14	87	15	95

Ⅲ 所在不明であった線源は，管理区域内で，ある職員の作業机の引き出しの一番奥から発見された．線源の破損が疑われたので汚染検査を行うこととし，線源の捜索に用いたものと同じサーベイメータを利用した．このとき，検出効率の高い ─J─ 線を測定するため，サーベイメータに付属しているアルミニウムキャップを ─K─ 使用した．汚染検査の結果，引き出しの一番奥にスポット状の汚染が一箇所検出された．そのときのサーベイメータの指示値は400cpsであった．このサーベイメータの分解時間は 250μs であるので，真の計数率は ─L─ cps となる．

聞き取り調査を行ったところ，この職員は，線源から80cmの距離で1日4時間，週に5日間働いていると推定された．また，線源が所在不明となっていた期間は10週間と推定された．これらの条件を用い，また，線源と職員との間の物品による遮へいを無視してこの職員の外部被ばく線量を評価したところ，─M─ mSv と算定された．なお，放射線核種の体内への取り込みは，線源の破損状態及び表面汚染の状況から，ないと判断された．この職員について，リンパ球の有意な減少は検出 ─N─ と推測され，また，染色体異常出現頻度の有意な上昇は検出 ─O─ と推測された．

＜J～Oの解答群＞

1	β	2	γ	3	制動放射	4	装着して	5	外して
6	0.54	7	0.68	8	0.84	9	1.2	10	1.6
11	360	12	412	13	444	14	される	15	されない

問 4 次のⅠ～Ⅲの文章の□□の部分に入る最も適切な語句又は数値を，それぞれの解答群から1つだけ選べ。

Ⅰ ある核種が放射線を放出して別の核種に変わる現象を放射性壊変と呼び，このような核種を放射性核種，あるいは放射性同位元素という。放出される放射線としては，例えば ^{222}Rn からは A が， ^{90}Sr からは B が， ^{60}Co からは最初に B が，引き続いて C が放出される。一般的に，放射性同位元素から放出される放射線に限定すると， A の空気中での飛程は，数 cm 程度である。 B の中には，空気中での飛程が数 m に及ぶものもある。 C は原子核内起源の光子であり，原子核外起源の光子である D とは区別されている。

これらの放射線は， A や B のような粒子放射線と， C ， D のような光子に大別される。さらに，粒子放射線は上記のような電荷を持つ荷電粒子線と電荷を持たない E などがあり， E は自発核分裂によっても発生する。

＜A～E の解答群＞
1　二次電子　　2　水和電子　　3　α 線　　4　β 線　　5　γ 線
6　δ 線　　7　陽子線　　8　中性子線　　9　X 線
10　二次宇宙放射線

Ⅱ 上記Ⅰで述べた，電荷を持つ粒子放射線について物質との相互作用をもう少し詳しく考えてみる。

粒子放射線は原子を構成する軌道電子や原子核と相互作用を行うが，その確率は軌道電子との場合の方が圧倒的に大きい。そのため F は，その本体である He の原子核の質量が電子に比べてはるかに大きいので，その進行方向が衝突ごとに極端に曲げられることはない。しかし， G は，原子との衝突ごとにその運動方向が大きく曲げられ，走行の様子はジグザグになる。これらの粒子放射線はいずれも，飛跡に沿って物質中の原子の励起や電離を起こし，自らの運動エネルギーを失う。この現象は H と呼ばれ，励起や電離の密度は，同じエネルギーで比較すると， F の方が G の場合よりも大きくなる。一方，衝突の前後で粒子放射線の運動エネルギーが保存される現象を I と呼ぶ。

さらに， G は，そのエネルギーが高い場合に物質の原子核の近くを通過するとき，原子核の強いクーロン場によって減速され，そのエネルギー損失に相当する J を発生する。

<F〜J の解答群>
1 α線   2 β線   3 γ線   4 中性子線
5 二次宇宙放射線   6 制動放射線   7 トムソン散乱
8 光散乱   9 コンプトン散乱   10 レイリー散乱
11 弾性散乱   12 非弾性散乱

Ⅲ　放射性同位元素から放出される光子と物質との相互作用について考えてみる。ここでのキーワードは光子のエネルギーである。

　光子のエネルギーすべてを吸収して原子内の　a　が放出される現象を　K　と呼ぶ。放出される電子の得たエネルギーは，光子の全エネルギーではなく，それから　a　の束縛エネルギーを差し引いたものである。

　高エネルギーの光子は電子と衝突し，電子を原子から飛び出させると同時に自分自身もエネルギーを失って，波長の　ア　光子，すなわち，散乱光子となる。このような散乱現象を　L　と呼ぶ。したがって，このような　L　を繰り返しているうちに，光子はそのエネルギーが低下し，ついには　K　を起こして原子に吸収される。

　光子のエネルギーが低い場合は，　a　の束縛エネルギーの方が高いために，散乱によって光子エネルギーが変化しないことがあり，このような現象を　M　と呼ぶ。一方，　イ　MeV以上の高エネルギーの光子が原子核の近傍を通過する際，光子は消滅して，電子とその反粒子である　b　の対を生成することがある。この現象を　N　と呼ぶ。

<K〜N の解答群>
1 光散乱   2 前方散乱   3 後方散乱   4 レイリー散乱
5 弾性散乱   6 非弾性散乱   7 イオン対生成   8 電子対生成
9 光電効果   10 オージェ効果   11 コンプトン効果
12 ビルドアップ効果

<a〜b の解答群>
1 軌道電子   2 陽電子   3 二次電子   4 消滅放射線

<アの解答群>
1 長い   2 短い   3 同じ

<イの解答群>
1 0.511   2 1.022

問5　次のⅠ〜Ⅲの文章の　　　　の部分に入る最も適切な語句又は数値を，それぞれの解答群から1つだけ選べ。

Ⅰ　放射線の飛跡を観測する簡便な手法に霧箱がある。
　空気に含まれるエタノールの蒸気圧には上限（飽和蒸気圧）がある。この上限を超えると，蒸気の一部が凝縮し液体となる。しかし，蒸気を含む空気を静かに冷却すると，飽和蒸気圧を超えても凝縮が起こらない　A　状態を生じることがある。この　A　状態にある空気中を荷電粒子線が通過すると，空気中に生成した　B　を核として蒸気の凝縮がおきるため，飛跡が液滴の連なりとして飛行機雲のように観測される。
　この霧箱を用いて，いくつもの重要な発見がなされた。例えば，1932年にC.D. アンダーソンは，電子と同じ質量で，磁場により電子とは反対に曲がる飛跡を確認し　C　の存在を証明した。
　しかし，気体で放射線を検出する霧箱は感度が低く，研究の現場では液体で検出する　D　や，固体で検出する原子核乾板に次第に置き換えられていった。　D　は，飛跡に沿って液体が気化する様子を観察する装置である。また，原子核乾板は，X線フィルムの写真乳剤の部分を厚くして感度を高めたものである。写真乳剤は　E　などの微粒子をゼラチンに分散させたもので，荷電粒子の電離作用で生じた潜像を現像処理した後，顕微鏡などで飛跡を観察する。

＜Aの解答群＞
1　過渡平衡　　2　過冷却　　　3　励起　　　　4　臨界
＜B，Cの解答群＞
1　空孔　　　　2　スカベンジャー　3　イオン　　　4　電場
5　磁場　　　　6　中性子　　　　　7　陽子　　　　8　陽電子
9　電子ニュートリノ　　　　　　　10　π中間子
＜Dの解答群＞
1　泡箱　　　　　2　電離箱　　　3　スパークチェンバー
4　ゲルマニウム半導体検出器　　　5　液体シンチレーション検出器
＜Eの解答群＞
1　ヨウ化ナトリウム　　2　三フッ化ホウ素　　3　臭化銀
4　酸化チタン　　　　　5　硫化カドミウム

Ⅱ　霧箱を用いて，放射線の飛跡を観察した。
　放射線源にはウラン鉱石を用いた。鉱石に含まれる $^{238}_{92}U$ は　F　系列に属し，極めて長い間に，合計　ア　回の α 壊変と　イ　回の β 壊変を経て安定元素の $^{206}_{82}Pb$ になる。鉱石からは，この系列の核種の壊変に伴って，α 線，β 線，及び γ 線が放出される。

霧箱の内側にエタノールを塗布し静かに冷却すると，やがて線源から放射状にのびる飛跡が観察された。飛跡には，細くて長い飛跡（飛跡 X）と，太くて短い飛跡（飛跡 Y）の二種類があった。線源を紙（厚さ0.1mm 程度）で遮蔽すると，この X と Y のうち　G　は観察されなくなった。また，紙を取り除いてから，線源に磁石を近づけたところ，X と Y のうち　H　が大きく曲げられる事があった。

一方のみが紙を透過するのは阻止能の違いによるものである。阻止能は，荷電粒子の種類や運動エネルギーにより大きく異なる。非相対論的に考えられるエネルギーの範囲では，荷電粒子と物質との相互作用におけるエネルギー損失は粒子速度の　ウ　乗に比例する。α 粒子の静止質量は β 粒子の静止質量の約　エ　倍であるから，β 粒子は同じ運動エネルギーを持つ α 粒子よりも2桁程度大きな速度を有する。

また，飛跡が磁石の近傍で曲がるのは，荷電粒子が磁場により　I　を受けるためである。真空中において粒子が一様な磁場に対して垂直に入射すると，粒子はこの力により円運動をする。この円運動の半径（サイクロトロン半径）は，荷電粒子の電荷の－1乗に比例し，速度の1乗に比例し，質量の　オ　乗に比例する。したがって α 粒子よりも β 粒子の方が大きく曲げられやすいと定性的に理解される。

更に，気をつけて観察すると，線源とは関係のない位置にも飛跡 Y と似た飛跡が見られた。これは，$^{238}_{92}$U の壊変系列には希ガスである　J　が含まれることから，霧箱中を浮遊する　J　が原因の一つではないかと考えた。

<Fの解答群>
1　アクチニウム　　2　トリウム　　3　ウラン　　4　ネプツニウム
<G，Hの解答群>
1　飛跡 X　　2　飛跡 Y
<Iの解答群>
1　クーロン力　　2　ファンデルワールス力　　3　ローレンツ力
4　核力　　5　摩擦力
<Jの解答群>
1　クリプトン　　2　キセノン　　3　アクチノン　　4　トロン
5　ラドン
<ア～ウの解答群>
1　－2　　　　2　－1　　　　3　－0.5　　　4　0　　　　5　0.5
6　1　　　　　7　2　　　　　8　3　　　　　9　4　　　　10　5
11　6　　　　12　8　　　　　13　10

<エの解答群>
1 460   2 1,800   3 7,400   4 30,000   5 120,000
<オの解答群>
1 −2   2 −1   3 0   4 0.5   5 1
6 2

Ⅲ　霧箱実験の結果から，放射線の飛程に興味を持った。
　空気中における α 線の飛程の推定には，
　　　　　　カ
　　　$R_1 = 0.318E_1$　……………………………………………①

の関係式がしばしば用いられる（ カ は E_1 の指数）。ここで，R_1 は1気圧15℃における飛程［cm］，E_1 は α 線のエネルギー［MeV］である。①式で計算すると，^{238}U から放出される4.2MeVの α 線の空気中における飛程は，約 キ cm となる。

　一方，β 線では，β 線の最大エネルギー（E_2）からアルミニウム中における β 線の最大飛程 R_2 を計算するのに，
　　　$R_2 = 542E_2 - 133\,(E_2 > 0.8\text{MeV})$　………………………………②

との関係式が用いられる。ここで，E_2 の単位は MeV，R_2 の単位は $\text{mg}\cdot\text{cm}^{-2}$ である。この単位で表された飛程はほとんど物質に依存しない。

　例えば，^{234m}Pa から放出される2.3MeVの β 線のアルミニウム中の最大飛程を②式で計算すると，約 1,100 $\text{mg}\cdot\text{cm}^{-2}$ となる。アルミニウムの密度は 2.7 $\text{g}\cdot\text{cm}^{-3}$ であるから，cm 単位に直せば約 ク cm である。また，この β 線の最大飛程は水中では約 ケ cm，空気中（1気圧15℃）では約 コ cm と算出される。

<カの解答群>
1 $\frac{1}{2}$ 2 $\frac{2}{3}$ 3 1   4 $\frac{3}{2}$ 5 2

<キ〜コの解答群>
1 0.002   2 0.1   3 0.2   4 0.4   5 0.8
6 1.1   7 1.3   8 2.8   9 4.0   10 8.0
11 12   12 50   13 90   14 900   15 9,000

管理技術 II

次の各問について,1から5までの5つの選択肢のうち,適切な答えを1つだけ選びなさい。

問1 次の量と単位の関係として,正しいものの組合せはどれか。
A 質量エネルギー吸収係数 － $m^2 \cdot kg^{-1}$
B 核反応断面積 － m^2
C 中性子束密度(中性子束) － m^{-2}
D 預託実効線量 － $Sv \cdot y^{-1}$
1 AとB　　2 AとC　　3 AとD　　4 BとD　　5 CとD

問2 次の核種と壊変系列のうち,正しいものの組合せはどれか。
A ^{234}Th － ウラン系列
B ^{230}Th － ネプツニウム系列
C ^{232}Th － トリウム系列
D ^{231}Th － アクチニウム系列
1 ACDのみ　　2 ABのみ　　3 BCのみ　　4 Dのみ
5 ABCDすべて

問3 核種に関する次の記述のうち,正しいものの組合せはどれか。
A 中性子数が同一の核種を同中性子体と呼ぶ。
B 陽子数が同一の核種を同位体と呼ぶ。
C 中性子数と陽子数を足した値が同一の核種を同重体と呼ぶ。
D 中性子数から陽子数を引いた値が同一の核種を核異性体と呼ぶ。
1 ABCのみ　　2 ABDのみ　　3 ACDのみ　　4 BCDのみ
5 ABCDすべて

問4 740GBqの^{192}Ir(半減期:$6.4 \times 10^6 s$)の質量[g]に最も近い値は,次のうちどれか。
1 0.00022　　2 0.0022　　3 0.022　　4 0.22　　5 2.2

問5 ^{137}Cs線源から放出されたγ線のコンプトン散乱において,反跳電子の最大エネルギー[keV]に最も近い値は,次のうちどれか。
1 180　　2 330　　3 480　　4 510　　5 660

問 6 β壊変（EC壊変を含む）に関する次の記述のうち，正しいものの組合せはどれか。
A β⁻壊変は，中性子数の過剰な原子核で起こりやすい。
B β⁺壊変では，娘核種の原子番号は親核種の原子番号よりも1大きい。
C β線が連続スペクトルを示すのは，ニュートリノが壊変エネルギーの一部を持ち去るためである。
D EC壊変（電子捕獲）では，娘核種の原子番号は親核種の原子番号と同じである。
1　AとB　　2　AとC　　3　AとD　　4　BとD　　5　CとD

問 7 次の文章の [　　] の部分に入る数値として，適切な組合せは次のうちどれか。

重荷電粒子に対する物質の阻止能は，非相対論的領域において，おおよそ，物質の原子番号の [A] 乗に比例し，荷電粒子の電荷の [B] 乗に比例し，速度の [C] 乗に比例する。

	A	B	C
1	2	1	－1
2	1	2	－2
3	1	1	－1
4	2	1	－2
5	1	2	－1

問 8 次の放射線検出器と測定原理の組合せのうち，正しいものはどれか。
A　ガスフロー型比例計数管－電子-正孔対の数に比例したパルス数の測定
B　半導体検出器－空乏層で起こる電離にともなうパルス波高の測定
C　シンチレーション検出器－吸収エネルギーに比例した蛍光（発光量）の測定
D　電離箱－電子-イオン対の数に比例した電流の測定
1　ABCのみ　　2　ABDのみ　　3　ACDのみ　　4　BCDのみ
5　ABCDすべて

問 9 GM管式サーベイメータの指示が36,000cpmを示した。数え落としの値 [cpm] として最も近いものは，次のうちどれか。ただし，分解時間は200μsとする。
1　980　　2　2,500　　3　3,700　　4　4,900　　5　9,800

問 10 計数値の統計誤差（相対標準偏差）を 5％以下にするために必要な最小の計数値として最も近い値は，次のうちどれか。
1 100   2 200   3 400   4 1000   5 2500

問 11 次の検出器のうち，蛍光作用を利用しているものの正しい組合せはどれか。
A GM 計数管   B 比例計数管
C 半導体検出器   D シンチレーション検出器
1 ACD のみ   2 AB のみ   3 BC のみ   4 D のみ
5 ABCD すべて

問 12 次の γ 線検出器のうち，エネルギー分解能が最も高いものはどれか。
1 プラスチックシンチレーション検出器   2 BGO シンチレーション検出器
3 LaBr$_3$(Ce) シンチレーション検出器   4 Ge 半導体検出器
5 CdTe 半導体検出器

問 13 放射線計測に用いられるシンチレータに関する記述のうち，正しいものの組合せはどれか。
A プラスチックシンチレータの蛍光寿命は，NaI（Tl）よりも短い。
B CsI（Tl）の蛍光ピーク波長は，NaI（Tl）よりも短い。
C BGO の密度は，NaI（Tl）よりも大きい。
D LaBr$_3$（Ce）の吸収エネルギー当たりの発光量（光子数）は，NaI（Tl）よりも大きい。
1 ACD のみ   2 AB のみ   3 AC のみ   4 BD のみ
5 BCD のみ

問 14 ^{137}Cs 密封点線源から 2 m の距離で 1 cm 線量当量率を測定したところ，$20 \mu Sv \cdot h^{-1}$ であった。この線源の放射能（MBq）に最も近い値は，次のうちどれか。ただし，^{137}Cs の 1 cm 線量当量率定数を $0.093 \mu Sv \cdot m^2 \cdot MBq^{-1} \cdot h^{-1}$ とする。
1 110   2 220   3 430   4 660   5 860

問 15 次の密封線源とその線源を利用する際に携帯すべきサーベイメータの検出器との関係のうち，正しいものの組合せはどれか。
A ^{60}Co － NaI（Tl）シンチレーション検出器
B ^{63}Ni － CsI（Tl）シンチレーション検出器
C ^{137}Cs － GM 計数管
D ^{192}Ir － ^{3}He 比例計数管
1 AとB　　2 AとC　　3 BとC　　4 BとD　　5 CとD

問 16 線源から放出される主要な γ 線のエネルギーが，高い順に正しく並んでいるものは，次のうちどれか。
1 ^{137}Cs ＞ ^{241}Am ＞ ^{60}Co ＞ ^{192}Ir
2 ^{137}Cs ＞ ^{60}Co ＞ ^{192}Ir ＞ ^{241}Am
3 ^{241}Am ＞ ^{60}Co ＞ ^{137}Cs ＞ ^{192}Ir
4 ^{60}Co ＞ ^{137}Cs ＞ ^{192}Ir ＞ ^{241}Am
5 ^{60}Co ＞ ^{241}Am ＞ ^{137}Cs ＞ ^{192}Ir

問 17 利用機器－線源－放射線の種類の組合せとして適切なものは次のうちどれか。
A レベル計　　　　　　　－ ^{137}Cs － γ 線
B ECD ガスクロマトグラフ － ^{63}Ni － β 線
C 厚さ計　　　　　　　　－ ^{85}Kr － β 線
D 非破壊検査装置　　　　－ ^{60}Co － β 線
E 密度計　　　　　　　　－ ^{241}Am － α 線
1 ABC のみ　　2 ABE のみ　　3 ADE のみ　　4 BCD のみ
5 CDE のみ

問 18 γ 線の線源が地面に点線源及び面線源（一様に分布した線源）として存在する場所において，サーベイメータを用いてそれぞれ高さを変えて γ 線による線量率を測定したとき，測定結果の傾向として最も近いものの組合せはどれか。ただし，面線源は無限の広がりをもつものとし，

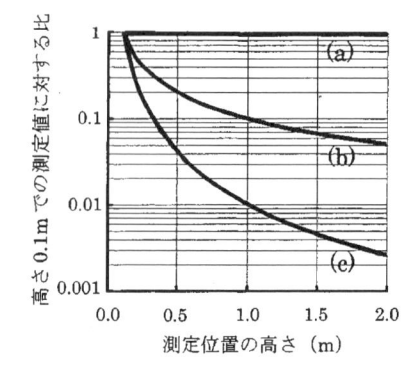

また，空気によるγ線の減衰は無視する。

	点線源	面線源
1	(a)	(c)
2	(b)	(c)
3	(c)	(a)
4	(c)	(b)
5	(c)	(c)

問 19 次の文章の A ～ E に該当する語句について，正しいものの組合せはどれか。

放射線防護のための線量として，組織・臓器の A に B を乗じた C があり，各組織・臓器の被ばく線量の評価に用いられる。更にその C に， D をかけて得た値をすべての組織・臓器について合計したものが E である。

	A	B	C	D	E
1	照射線量	線質係数	臓器線量	組織加重係数	等価線量
2	照射線量	放射線加重係数	等価線量	組織加重係数	実効線量
3	吸収線量	線質係数	実効線量	生物学的効果比	等価線量
4	吸収線量	放射線加重係数	臓器線量	生物学的効果比	実効線量
5	吸収線量	放射線加重係数	等価線量	組織加重係数	実効線量

問 20 物理的半減期が60日，生物学的半減期が120日である核種の有効半減期は，次のうちどれか。

1　10日　　2　20日　　3　40日　　4　60日　　5　180日

問 21 個人被ばく線量計に関する次の記述のうち，正しいものの組合せはどれか。

A　熱ルミネセンス線量計（TLD）はフェーディングの影響を無視できる。
B　蛍光ガラス線量計は繰り返し読み取りが可能である。
C　フィルムバッジはエネルギー特性がよい。
D　OSL線量計は，最大10Sv程度までの線量を測定できる。

1　AとB　　2　AとC　　3　BとC　　4　BとD　　5　CとD

問 22 外部被ばく線量測定のための実用量に関する次の記述のうち，正しいものの組合せはどれか。

A 1 cm 線量当量は，実効線量の実用量として用いられる。
B 皮膚の等価線量は，3 mm 線量当量で表される。
C 70μm 線量当量の単位は，Sv である。
D 個人被ばく線量計の校正に ICRU 球が用いられる。
1 A と B 2 A と C 3 B と C 4 B と D 5 C と D

問 23 500MBq の ^{192}Ir 線源から 2 m 離れた場所で30分間作業するとき，この作業者の実効線量［μSv］として，最も近い値は次のうちどれか。ただし，^{192}Ir の実効線量率定数は $0.12\mu Sv\cdot m^2\cdot MBq^{-1}\cdot h^{-1}$ とする。
1 1.9 2 3.8 3 7.5 4 15 5 30

問 24 放射性物質の生物学的半減期に関する次の記述のうち，正しいものの組合せはどれか。
A 核種の化学形により異なる。　B 生物効果比（RBE）により異なる。
C 組織によって異なる。　D 預託線量の計算の基礎となる。
1 ABC のみ 2 ABD のみ 3 ACD のみ 4 BCD のみ
5 ABCD すべて

問 25 LET と放射線生物作用に関する次の記述のうち，正しいものの組合せはどれか。
A LET は，荷電粒子の飛跡に沿った単位長さ当たりのエネルギー付与を表す。
B 低 LET 放射線による照射では，細胞生存率曲線に肩が見られる確率が高い。
C 高 LET 放射線は低 LET 放射線に比べて，DNA クラスター損傷を起こす確率が高い。
D 高 LET 放射線は低 LET 放射線に比べて，酸素効果は大きい。
1 ABC のみ 2 AB のみ 3 AD のみ 4 CD のみ
5 BCD のみ

問 26 内部被ばくに関する次の記述のうち，正しいものの組合せはどれか。
A 血管造影剤として用いられた二酸化トリウムは胃がんの発生率を高めた。
B ラドン子孫核種の吸入によって，肺がんのリスクが高まる。
C 放射性ストロンチウムが体内に入ると，骨の悪性腫瘍発生のリスクが高まる。

D 放射性ヨウ素は主に甲状腺に集積し，甲状腺がんのリスクが高まる。
E 放射性セシウムは体内に入ると，主に脂肪組織に集積する。
1 ABEのみ　2 ACDのみ　3 ADEのみ　4 BCDのみ
5 BCEのみ

問27 γ線による50mGyの急性全身被ばくに関する次の記述のうち，正しいものはどれか。
1 臨床的変化は観察されない。　2 脱毛が観察される。
3 放射線宿酔が観察される。　4 一時的不妊が観察される。
5 リンパ球数の一時的減少が観察される。

問28 次の放射線障害のうち，確定的影響をA欄に，確率的影響をB欄に記載してあるものはどれか。

	<A>	<B>
1	皮膚がん	肺がん
2	再生不良性貧血	水晶体混濁
3	皮膚紅斑	皮膚萎縮
4	骨肉腫	永久不妊
5	造血機能不全	白血病

問29 次の放射線障害のうち，しきい線量があるとされているものの組合せはどれか。
A 皮膚がん　B 骨髄性白血病　C 一時的不妊　D 造血機能低下
1 AとB　2 AとC　3 BとC　4 BとD　5 CとD

問30 放射線の医学的利用に関する次の記述のうち，正しいものの組合せはどれか。
A X線撮影で造影剤を用いるのは，X線が造影剤を透過しやすい性質を利用している。
B X線CTでは，標的組織・臓器のX線減弱係数値をコンピュータ処理し，画像化する。
C ガンマナイフによる治療は，^{60}Coγ線を病巣部に集中照射する方法である。
D PET診断では，ポジトロンが電子と結合して消滅する際に発生する，一対の消滅放射線を利用している。

1 ABCのみ　　2 ABのみ　　3 ADのみ　　4 CDのみ
5 BCDのみ

法令

放射性同位元素等による放射線障害の防止に関する法律（以下「放射線障害防止法」という。）及び関係法令について解答せよ。

次の各問について、1から5までの5つの選択肢のうち、適切な答えを1つだけ選びなさい。

なお、問題文中の波線部は、現行法令に適合するように直した箇所である。

問1 次のうち、人の疾病の治療に使用することを目的として、人体から再び取り出す意図をもたずに挿入された場合に、放射線障害防止法の適用から除かれる密封された放射性同位元素として、放射線障害防止法上正しいものの組合せはどれか。

A よう素125　　B イリジウム192　　C 金198　　D ラジウム226

1　AとB　　2　AとC　　3　BとC　　4　BとD　　5　CとD

問2 ガスクロマトグラフによる空気中の有害物質等の質量の調査を目的として、1個当たりの数量が370メガベクレルの密封されたニッケル63を装備したガスクロマトグラフ用エレクトロン・キャプチャ・ディテクタ（以下「ディテクタ」という。）のみ10台を同一事業所内の10ヶ所の施設で分散して使用している者が、当該ディテクタを専用に使用する施設を事業所内に新たに設置して、当該ディテクタを全部集めて同じ目的で使用することとなった。この場合、あらかじめ、原子力規制委員会に対してとるべき手続きに関する次の記述のうち、放射線障害防止法上正しいものはどれか。なお、ニッケル63の下限数量は、100メガベクレルであり、かつ、その濃度は、原子力規制委員会の定める濃度を超えるものとする。

1　許可使用に係る変更の許可の申請をしなければならない。
2　許可使用に係る軽微な変更の届出をしなければならない。
3　許可使用に係る使用の場所の一時的変更の届出をしなければならない。
4　届出使用に係る変更の届出をしなければならない。
5　届出使用に係る使用の場所の一時的変更の届出をしなければならない。

問3 次のうち、放射性同位元素の使用の許可を受けようとする者が、原子力規制委員会に提出しなければならない申請書に記載する事項として、放射線障害防止法上定められているものの組合せはどれか。

A 使用の場所

B 使用の目的及び方法
C 使用施設の位置，構造及び設備
D 貯蔵施設の位置，構造，設備及び貯蔵能力
1　ABCのみ　　2　ABDのみ　　3　ACDのみ　　4　BCDのみ
5　ABCDすべて

問4　次のうち，密封された放射性同位元素の使用をしようとする者が届出を行おうとするときに，あらかじめ，原子力規制委員会に届け出なければならない事項として，放射線障害防止法上定められているものの組合せはどれか。
A　氏名又は名称及び住所並びに法人にあっては，その代表者の氏名
B　使用の目的及び方法
C　使用施設の位置，構造及び設備
D　放射性同位元素の年間使用時間
1　ACDのみ　　2　ABのみ　　3　BCのみ　　4　Dのみ
5　ABCDすべて

問5　次のうち，使用施設等に標識を付ける箇所として，放射線障害防止法上定められているものの組合せはどれか。
A　放射性同位元素の使用をする室の出入口又はその付近
B　表示付認証機器の使用をする室の出入口又はその付近
C　貯蔵室にあってはその出入口又はその付近
D　管理区域の境界に設けるさくその他の人がみだりに立ち入らないようにするための施設の出入口又はその付近
1　ABCのみ　　2　ABDのみ　　3　ACDのみ　　4　BCDのみ
5　ABCDすべて

問6　次のうち，表示付認証機器届出使用者が，変更の日から30日以内に，その旨を原子力規制委員会に届け出なければならない変更事項として，放射線障害防止法上定められているものの組合せはどれか。
A　氏名又は名称及び住所並びに法人にあっては，その代表者の氏名
B　使用の目的及び方法
C　表示付認証機器の種類，型式及び性能
D　保管の場所
1　AとB　　2　AとC　　3　BとC　　4　BとD　　5　CとD

問7 次の放射性同位元素の使用の目的のうち，その旨をあらかじめ原子力規制委員会に届け出ることにより，許可使用者が一時的に使用の場所を変更して使用できる場合として，放射線障害防止法上定められているものの組合せはどれか。
A ガンマ線密度計による物質の密度の調査
B 食品中の残留農薬調査
C 河床洗掘調査
D 非破壊検査
1 ACDのみ　2 ABのみ　3 ACのみ　4 BDのみ
5 BCDのみ

問8 許可の条件に関する次の文章の A ～ C に該当する語句について，放射線障害防止法上定められているものの組合せは，下記の選択肢のうちどれか。
「第8条　第3条第1項本文又は第4条の2第1項の許可には，条件を付することができる。
2　前項の条件は， A を防止するため必要な B に限り，かつ，許可を受ける者に C を課することとならないものでなければならない。」

	A	B	C
1	被ばく等	最小限度のもの	不当な義務
2	放射線障害	最小限度のもの	不当な義務
3	被ばく等	最小限度のもの	制限
4	放射線障害	措置を講ずる場合	制限
5	被ばく等	措置を講ずる場合	制限

問9 許可証に関する次の記述のうち，放射線障害防止法上正しいものの組合せはどれか。
A 許可証を損じたときは，30日以内に，その旨を原子力規制委員会に届け出なければならない。
B 許可証を汚した者が許可証再交付申請書を原子力規制委員会に提出する場合には，その許可証をこれに添えなければならない。
C 許可証を失ったときは，10日以内に，その旨を原子力規制委員会に届け出なければならない。
D 許可証を失った者が許可証再交付申請書を原子力規制委員会に提出する場合には，その許可証の写しをこれに添えなければならない。

E 許可証を失って再交付を受けた許可使用者が，失った許可証を発見したときは，速やかに，その許可証を原子力規制委員会に返納しなければならない。

1 AとD　　2 AとE　　3 BとC　　4 BとE　　5 CとD

問10 次のうち，変更の許可を要しない軽微な変更に該当する事項として，放射線障害防止法上定められているものの組合せはどれか。

A 使用施設の廃止
B 貯蔵施設の貯蔵能力の減少に伴う貯蔵容器の変更
C 放射性同位元素の数量の減少
D 管理区域の拡大及び当該拡大に伴う管理区域の境界に設けるさくその他の人がみだりに立ち入らないようにするための施設の位置の変更（工事を伴わないものに限る。）

1 ABCのみ　　2 ABDのみ　　3 ACDのみ　　4 BCDのみ
5 ABCDすべて

問11 次のうち，放射性同位元素装備機器を製造し，特定設計認証を受けようとする者が，原子力規制委員会又は登録認証機関に提出しなければならない申請書に記載する事項として，放射線障害防止法上定められているものの組合せはどれか。

A 氏名又は名称及び住所並びに法人にあっては，その代表者の氏名
B 放射性同位元素装備機器の年間使用時間
C 放射性同位元素装備機器の名称及び用途
D 放射性同位元素装備機器に装備する放射性同位元素の種類及び数量
E 放射性同位元素装備機器の保管を委託する者の氏名又は名称

1 ABDのみ　　2 ABEのみ　　3 ACDのみ　　4 BCEのみ
5 CDEのみ

問12 届出使用者が，放射線障害防止法上の使用施設等の基準適合義務における技術上の基準に適合するように，その位置，構造及び設備を維持しなければならない施設は次のうちどれか。

1 使用施設　　2 貯蔵施設　　3 廃棄施設
4 機器設置施設　　5 詰替施設

問13 1個当たりの数量が37ギガベクレルの密封されたアメリシウム241を装

備した厚さ計1台のみを使用している事業所において，厚さ計を設置した施設を改修するために，当該厚さ計を隣接する施設に移して30日間使用することとなった。この場合に，あらかじめ，原子力規制委員会に対してとるべき手続きに関する次の記述のうち，放射線障害防止法上正しいものはどれか。なお，アメリシウム241の下限数量は10キロベクレルであり，かつ，その濃度は，原子力規制委員会の定める濃度を超えるものとする。

1 届出使用に係る使用の場所の一時的変更の届出をしなければならない。
2 届出使用に係る軽微な変更の届出をしなければならない。
3 許可使用に係る使用の場所の一時的変更の届出をしなければならない。
4 許可使用に係る変更の許可を受けなければならない。
5 許可使用に係る軽微な変更の届出をしなければならない。

問14 外部被ばくによる線量の測定に関する次の記述のうち，放射線障害防止法上正しいものの組合せはどれか。

A 人体部位のうち，外部被ばくによる線量が最大となるおそれのある部位が，頭部，けい部，胸部，上腕部，腹部及び大たい部以外の部位である場合にあっては，当該部位についてのみ測定すること。
B 放射線測定器を用いて測定すること。ただし，放射線測定器を用いて測定することが著しく困難である場合にあっては，計算によってこれらの値を算出することとする。
C 管理区域に立ち入る放射線業務従事者について，管理区域に立ち入らない期間も含めて行うこと。
D 管理区域に一時的に立ち入る者であって放射線業務従事者でないものにあっては，その者の管理区域内における外部被ばくによる線量が100マイクロシーベルトを超えるおそれのないときは測定を要しない。

1 AとB　　2 AとC　　3 AとD　　4 BとC　　5 BとD

問15 保管の基準に関する次の記述のうち，放射線障害防止法上定められているものの組合せはどれか。

A 貯蔵施設には，その貯蔵能力を超えて放射性同位元素を貯蔵しないこと。
B 貯蔵施設の目につきやすい場所に，放射線障害の防止に必要な注意事項を掲示すること。
C 管理区域には，人がみだりに立ち入らないような措置を講じ，放射線業務従事者以外の者が立ち入るときは，放射線業務従事者の指示に従わせるこ

と。
D 密封された放射性同位元素を耐火性の構造の容器に入れて保管する場合には，その容器について，放射性同位元素の保管中これをみだりに持ち運ぶことができないようにするための措置を講ずること。
1 ABCのみ　2 ABDのみ　3 ACDのみ　4 BCDのみ
5 ABCDすべて

問16 L型輸送物に係る技術上の基準に関する次の記述のうち，放射線障害防止法上定められているものの組合せはどれか。
A 外接する直方体の各辺が10センチメートル以上であること。
B 開封されたときに見やすい位置に「放射性」又は「RADIOACTIVE」の表示を有していること。ただし，原子力規制委員会の定める場合は，この限りでない。
C 周囲の圧力を60キロパスカルとした場合に，放射性同位元素の漏えいがないこと。
D 表面における1センチメートル線量当量率の最大値が5マイクロシーベルト毎時を超えないこと。
1 AとB　2 AとC　3 BとC　4 BとD　5 CとD

問17 等価線量の算定に関する次の記述のうち，放射線障害防止法上正しいものの組合せはどれか。ただし，中性子線による被ばくはないものとする。
A 甲状腺の等価線量は，70マイクロメートル線量当量とした。
B 皮膚の等価線量は，70マイクロメートル線量当量とした。
C 妊娠中である女子の腹部の等価線量は，70マイクロメートル線量当量とした。
D 眼の水晶体の等価線量は，1センチメートル線量当量又は70マイクロメートル線量当量の算出したもののうち，適切な方とした。
1 AとB　2 AとC　3 BとC　4 BとD　5 CとD

問18 放射線障害予防規程に関する次の記述のうち，放射線障害防止法上正しいものの組合せはどれか。
A 許可使用者は，放射性同位元素の使用を開始する前に，放射線障害予防規程を作成し，原子力規制委員会に届け出なければならない。
B 届出使用者は，放射線障害予防規程を作成し，使用の開始の日から30日以

内に，原子力規制委員会に届け出なければならない。
C 届出使用者は，放射線障害予防規程を変更したときは，変更の日から30日以内に，原子力規制委員会に届け出なければならない。
D 許可使用者は，放射線障害予防規程を変更しようとするときは，あらかじめ，原子力規制委員会に届け出なければならない。

1 ACDのみ　　2 ABのみ　　3 ACのみ　　4 BDのみ
5 BCDのみ

問19 合併等に関する次の文章の　A　～　C　に該当する語句について，放射線障害防止法上定められているものの組合せは，下記の選択肢のうちどれか。

「届出使用者である法人の合併の場合（届出使用者である法人と　A　でない法人とが合併する場合において，届出使用者である法人が　B　。）又は分割の場合（当該届出に係るすべての放射性同位元素及び放射性汚染物並びに　C　を一体として承継させる場合に限る。）において，合併後存続する法人若しくは合併により設立された法人又は分割により当該放射性同位元素及び放射性汚染物並びに　C　を一体として承継した法人は，届出使用者の地位を承継することができる。」

	A	B	C
1	許可使用者	存続するときに限る	使用施設
2	許可使用者	存続するときを除く	貯蔵施設
3	届出使用者	存続するときを除く	貯蔵施設
4	届出使用者	存続するときに限る	使用施設
5	許可使用者	存続するときに限る	貯蔵施設

問20 教育訓練に関する次の記述のうち，放射線障害防止法上正しいものの組合せはどれか。ただし，対象者には，教育及び訓練の項目又は事項について十分な知識及び技能を有していると認められる者は，含まれていないものとする。

A 放射線業務従事者に対する教育及び訓練は，初めて管理区域に立ち入る前及び管理区域に立ち入った後にあっては1年を超えない期間ごとに行わなければならない。
B 初めて管理区域に立ち入る前の放射線業務従事者に対する教育及び訓練の項目は，「放射性同位元素の安全取扱い」のみが定められている。
C 取扱等業務に従事する者であって，管理区域に立ち入らないものに対する

教育及び訓練は，取扱等業務を開始する前及び取扱等業務を開始した後にあっては3年以内に行わなければならない。
D 取扱等業務に従事する者であって，管理区域に立ち入らないものに対する教育及び訓練は，取扱等業務を開始する前にあっては，項目ごとに時間数が定められている。
1 AとB　　2 AとD　　3 BとC　　4 BとD　　5 CとD

問21 放射線業務従事者に対し，管理区域に立ち入った後，1年を超えない期間ごとに行う健康診断の方法としての問診及び検査又は検診のうち，医師が必要と認める場合に限り行うものとして，放射線障害防止法上定められているものの組合せは，次のうちどれか。

A 眼
B 皮膚
C 末しょう血液中の血色素量又はヘマトクリット値，赤血球数，白血球数及び白血球百分率
D 放射線の被ばく歴の有無（問診）
1 ABCのみ　　2 ABDのみ　　3 ACDのみ　　4 BCDのみ
5 ABCDすべて

問22 放射線業務従事者に対する外部被ばくによる実効線量及び等価線量の算定に関する次の記述のうち，放射線障害防止法上正しいものの組合せはどれか。
A 外部被ばくによる実効線量は，3ミリメートル線量当量とすること。
B 皮膚の等価線量は，3ミリメートル線量当量とすること。
C 眼の水晶体の等価線量は，1センチメートル線量当量又は70マイクロメートル線量当量のうち，適切な方とすること。
D 妊娠中である女子の腹部表面の等価線量は，1センチメートル線量当量とすること。
1 AとB　　2 AとC　　3 BとC　　4 BとD　　5 CとD

問23 許可使用者が備えるべき帳簿に記載しなければならない事項として，放射線障害防止法上定められているものの組合せはどれか。
A 放射性同位元素等の受入れ又は払出しの年月日及びその相手方の氏名又は名称
B 受入れ又は払出しに係る放射性同位元素等の種類及び数量

C 放射線施設に立ち入る者に対する教育及び訓練の実施年月日,項目並びに当該教育及び訓練を受けた者の氏名
D 貯蔵施設における放射性同位元素の保管の期間,方法,場所及び保管の点検を行った者の氏名
1 ABCのみ　2 ABのみ　3 ADのみ　4 CDのみ
5 BCDのみ

問24 使用の廃止等の届出に関する次の記述のうち,放射線障害防止法上正しいものの組合せはどれか。
A 許可使用者が,その許可に係る放射性同位元素のすべての使用を廃止するときは,あらかじめ,その旨を原子力規制委員会に届け出なければならない。
B 届出販売業者が,その業を廃止するときは,販売の業の廃止の日の30日前までに,その旨を原子力規制委員会に届け出なければならない。
C 届出賃貸業者が,その業を廃止するときは,賃貸の業の廃止の30日前までに,その旨を原子力規制委員会に届け出なければならない。
D 表示付認証機器届出使用者が,その届出に係る表示付認証機器のすべての使用を廃止したときは,遅滞なく,その旨を原子力規制委員会に届け出なければならない。
1 ACDのみ　2 ABのみ　3 BCのみ　4 Dのみ
5 ABCDすべて

問25 危険時の措置に関する次の記述のうち,放射線障害防止法上正しいものの組合せはどれか。
A 輸送中の車両に火災が起こり,放射性輸送物に延焼するおそれがあったので,延焼の防止に努めるとともに直ちにその旨を消防署に通報した。
B 緊急作業にあたって,緊急作業に従事する者の線量をできる限り少なくするため,保護具を用意し,緊急作業に従事する者にこれを用いさせた。
C 放射性同位元素を他の場所に移す余裕があったので,これを安全な場所に移し,その場所の周囲には,縄を張り,標識等を設け,かつ,見張人をつけて関係者以外の者が立ち入ることを禁止した。
D 緊急作業により放射線業務従事者が実効線量限度を超えて被ばくしたが,放射線障害が発生するかどうか不明であるため,当面の間,健康診断を行うなど障害の有無の状況を調べ,放射線障害の発生が確認されたときに原子力規制委員会に報告することとした。

1　ABCのみ　2　ABのみ　3　ADのみ　4　CDのみ
5　BCDのみ

問26 所持の制限に関する次の記述のうち，放射線障害防止法上正しいものの組合せはどれか。

A　届出賃貸業者から放射性同位元素の運搬を委託された者は，その委託を受けた放射性同位元素を所持することができる。

B　届出販売業者は，その届け出た種類の放射性同位元素を，運搬のために所持することができる。

C　許可使用者は，その許可証に記載された種類の放射性同位元素をその許可証に記載された貯蔵施設の貯蔵能力の範囲内で所持することができる。

D　届出使用者は，その届出に係る放射性同位元素のすべての使用を廃止したときは，その廃止した日に所持していた放射性同位元素を，使用の廃止の日から30日間所持することができる。

1　ABCのみ　2　ABDのみ　3　ACDのみ　4　BCDのみ
5　ABCDすべて

問27 密封された放射性同位元素を，研究の目的で使用している届出使用者において，放射線取扱主任者が海外出張をすることになった。当該放射線取扱主任者がその職務を遂行することはできないが，放射性同位元素の使用を継続することとした。この出張期間中における放射線取扱主任者の代理者の選任に関する次の記述のうち，放射線障害防止法上正しいものの組合せはどれか。

A　出張の期間が3日であったので，放射線取扱主任者の代理者の選任は行わなかった。

B　出張の期間が40日であったので，放射線取扱主任者免状を有していない医師を，出張の開始日に放射線取扱主任者として選任し，選任した日から10日後に，原子力規制委員会に代理者の選任の届出を行った。

C　出張の期間が40日であったので，第2種放射線取扱主任者免状を有している者を，出張の開始日に放射線取扱主任者の代理者として選任し，選任した日から10日後に，原子力規制委員会に代理者の選任の届出を行った。

D　出張の期間が10日であったので，第2種放射線取扱主任者免状を有している者を，出張の開始日に放射線取扱主任者の代理者として選任したが，原子力規制委員会に代理者の選任の届出を行わなかった。

1　ABCのみ　2　ABのみ　3　ADのみ　4　CDのみ

5　BCD のみ

問 28　放射性同位元素（表示付認証機器等に装備されているものを除く。）の譲渡し，譲受け等の制限に関する次の記述のうち，放射線障害防止法上正しいものの組合せはどれか。

A　届出使用者は，その届け出た種類の放射性同位元素を輸出することができる。
B　届出賃貸業者は，その届け出た種類の放射性同位元素を輸出することができる。
C　届出販売業者は，その届け出た種類の放射性同位元素を輸出することができる。
D　許可使用者は，その許可証に記載された種類の放射性同位元素を輸出することができる。

1　ACD のみ　　2　AB のみ　　3　BC のみ　　4　D のみ
5　ABCD すべて

問 29　放射線取扱主任者に定期講習を受講させなければならない事業者として，放射線障害防止法上正しいものの組合せは，次のうちどれか。

A　表示付認証機器及び密封された放射性同位元素を賃貸している届出賃貸業者
B　表示付認証機器のみを販売している届出販売業者
C　表示付認証機器届出使用者
D　1個当たりの数量が5テラベクレルの密封された放射性同位元素のみを使用している許可使用者

1　A と C　　2　A と D　　3　B と C　　4　B と D　　5　C と D

問 30　許可使用者の報告の徴収に関する次の記述のうち，放射線障害防止法上正しいものの組合せはどれか。ただし，許可使用者には法第28条第7項の規定により許可使用者とみなされる者は，含まれていないものとする。

A　放射性同位元素の盗取又は所在不明が生じたときは，その旨を直ちに，その状況及びそれに対する処置を10日以内に原子力規制委員会に報告しなければならない。
B　放射線業務従事者について放射性同位元素の使用における計画外の被ばくがあったときであって，当該被ばくに係る実効線量が0.5ミリシーベルトを

超え，又は超えるおそれのあるときは，その旨を直ちに，その状況及びそれに対する処置を10日以内に原子力規制委員会に報告しなければならない。

C 放射線業務従事者の健康診断（管理区域に立ち入った後，1年を超えない期間ごとに行うものに限る。）を行ったときは，遅滞なく，放射線業務従事者健康診断報告書を原子力規制委員会に提出しなければならない。

D 放射線管理状況報告書を毎年4月1日からその翌年の3月31日までの期間について作成し，当該期間の経過後3月以内に原子力規制委員会に提出しなければならない。

1 ABCのみ　2 ABのみ　3 ADのみ　4 CDのみ
5 BCDのみ

コラム　セントラル・ドグマ

　セントラル・ドグマとは，そのまま日本語に訳すと「中央原則」とか「中心教義」などということになるでしょうか。この原則は，DNAの解読がなされてきた分子生物学における極めて重要な概念といっても過言ではないでしょう。

　その中身は，「DNAに書かれている遺伝情報は，まずRNAにコピーされて，さらにそれがたんぱく質に翻訳され，生物の身体を構成する」というものだそうです。この原則は地球上のすべての生物に共通ということらしく，実にすごい原則ですね。このことから，地球上のすべての生物は，大昔に生きていた共通の祖先から進化した証拠であると考えられているようです。

第1回 解答一覧

管理技術 I

問1
I　A－2（確定的）　　　　　　B－5（2本鎖切断）
　　C－7（放射線感受性）　　　D－10（2.5〜3）

II　E－6（間接）　　F－7（直接）　　G－3（吸収線量）
　　H－11（X線）　　I－8（小さい）　　J－8（小さい）
　　ア－2（②）　　　イ－1（①）

III　K－7（ブラッグピーク）　　L－4（重粒子線）　　M－14（熱）
　　 N－11（脳腫瘍）
　　 ウ－3（^{10}B）　　エ－2（^{7}Li）

問2
I　A－1（ウラン）　　B－4（気体）　　C－7（α）
　　D－7（4 減る）　　E－3（全身に分布）　F－2（EC 壊変）
　　ア－3（^{222}Rn）　　イ－12（1.2）

II　G－2（γ線）　　H－4（核破砕）　　I－7（高）
　　ウ－1（0.48）　　エ－7（^{14}C）　　オ－10（5,700）

III　J－1（低エネルギーβ）　　K－7（両方とも）　　L－10（水分計）
　　 カ－2（^{63}Ni）　　　　キ－3（^{85}Kr）　　ク－6（^{241}Am）

問3
I　A－11（$6.9×10^{-2}$）　　B－15（$6.2×10^{1}$）
　　C－12（$1.1×10^{-1}$）　　D－5（$9.4×10^{-5}$）
　　E－8（$3.3×10^{-3}$）　　 F－7（$1.5×10^{-3}$）
　　G－2（$5.9×10^{-6}$）　　 H－1（$2.6×10^{-6}$）
　　ア－3（1.0）　　イ－5（1.3）　　ウ－8（250）

II　I－14（$5.0×10^{2}$）　　J－9（$2.2×10^{0}$）
　　K－4（$3.4×10^{-1}$）　　L－12（$1.5×10^{2}$）
　　エ－2（2）

III　M－1（内）　　N－5（1cm 線量当量）　　O－8（小さくなる）
　　 オ－3（0.49）

問4
I　A－3（ZnS（Ag）シンチレーション）　　B－6（GM 管）
　　C－8（^{3}He 比例計数管）　　　　　　D－1（電離箱）

E－1（低い）　　　F－3（0～3）　　　G－8（上昇）
　　　H－2（分解）　　　I－7（放電）　　　J－8（陽イオン）
　　　K－13（電場）　　　L－5（5.0）
Ⅱ　　M－5（30）　　　　N－13（RC）　　　O－3（23）
Ⅲ　　P－1（小さ）　　　Q－2（高）　　　　R－4（二次電子の放出）
　　　S－4（86）　　　　T－10（1.05）

問5

Ⅰ　A－1（$α$壊変）　　　　　　B－3（軌道電子捕獲）
　　C－4（核異性体転移）　　　D－2（$β^-$壊変）
　　E－2（－4）　　　　　　　F－6（0）
Ⅱ　G－7（100年）　　　H－2（73.8日）　　　I－2（$β$線）
　　J－3（$γ$線）　　　　K－5（中性子線）
　　L－3（ガスクロマトグラフ）　　　　　M－5（水分計）
Ⅲ　N－4（320）　　　　O－3（4）　　　　　P－4（280）
　　Q－4（4.5）　　　　R－2（1.6）

管理技術Ⅱ

問1	問2	問3	問4	問5	問6	問7	問8	問9	問10
4	5	3	1	2	2	4	1	2	3
問11	問12	問13	問14	問15	問16	問17	問18	問19	問20
3	3	5	2	4	3	5	4	3	4
問21	問22	問23	問24	問25	問26	問27	問28	問29	問30
1	4	3	4	1	2	3	2	2	3

法令

問1	問2	問3	問4	問5	問6	問7	問8	問9	問10
3	3	4	4	3	4	2	2	3	1
問11	問12	問13	問14	問15	問16	問17	問18	問19	問20
5	5	5	5	1	4	2	1	3	2
問21	問22	問23	問24	問25	問26	問27	問28	問29	問30
1	5	2	2	5	5	4	5	3	3

第2回 解答一覧

管理技術 I

問 1

I A－4（フリーラジカル） B－7（化学的） C－6（希釈）
 D－1（SH） E－6（直接） F－5（間接）
 G－10（低）

II H－3（ピリミジン） I－6（シトシン） J－1（プリン）
 K－4（アデニン） L－8（グアニン） M－5（塩基損傷）
 N－8（フリーラジカル） O－1（鎖切断） P－2（架橋形成）

III Q－4（塩基除去修復） R－6（ヌクレオチド除去修復）
 S－8（相同組換え） T－11（非相同末端結合）

問 2

I A－12（光電効果） B－7（コンプトン効果）
 C－9（電子対生成） D－4（励起） E－3（消滅放射線）
 F－5（静止質量）
 ア－1（511）

II G－6（飛跡） H－8（離散的） I－9（速度）
 J－4（線エネルギー付与（LET））
 イ－2（数十 eV）

III K－13（直接） L－3（間接） M－14（ラジカル）
 N－7（クラスター）

問 3

I A－13（115） B－8（5.8） C－3（0.78）
 D－5（1.0）

II E－7（1.9） F－1（超える） G－1（7）
 H－4（30） I－2（β^-） J－5（0.66）
 K－3（^{137}Ba） L－5（12）

III M－1（蛍光ガラス線量計）
 N－5（熱ルミネセンス線量計（TLD）） O－2（OSL 線量計）
 P－10（電子） Q－11（蛍光）

問 4

I A－2（^{137m}Ba） B－4（光電効果） C－7（I）
 D－11（入射 γ 線の） E－5（コンプトン効果） F－1（反跳電子）

G－3（後方散乱）　　　H－4（Ba）　　　　　　I－9（内部転換）
J－2（大きくなる）

Ⅱ　K－3（数百〜千数百）　L－8（高い側にシフトする）
　　M－2（半値幅）　　　　N－5（6〜9％）　　　O－8（0.7）

Ⅲ　P－11（5.2）　　　　　Q－4（0.098）　　　　R－8（1.4）
　　S－2（0.043）　　　　 T－1（(ア＋イ)）

問5

Ⅰ　A－5（電離）　　　　　B－1（励起）　　　　　C－8（大きい）
　　D－11（電流）　　　　 E－3（電離箱）　　　　F－4（半導体検出器）
　　ア－4（qE/W）　　　イ－7（34）
　　ウ－10（1桁程度小さい）

Ⅱ　G－2（長く）　　　　　H－4（特性X線）　　　I－7（オージェ電子）
　　J－9（相対性理論）　　K－1（光電効果）　　　L－2（コンプトン散乱）
　　エ－2（170）　　　　　オ－4（341）　　　　　カ－3（4.9×10^{-12}）
　　キ－2（1,022）　　　　ク－2（2）

管理技術Ⅱ

問1	問2	問3	問4	問5	問6	問7	問8	問9	問10
4	5	5	3	1	1	1	2	3	3
問11	問12	問13	問14	問15	問16	問17	問18	問19	問20
5	1	3	5	5	5	2	4	2	1
問21	問22	問23	問24	問25	問26	問27	問28	問29	問30
1	1	2	5	5	3	3	1	5	5

法令

問1	問2	問3	問4	問5	問6	問7	問8	問9	問10
3	5	3	1	4	4	5	1	3	3
問11	問12	問13	問14	問15	問16	問17	問18	問19	問20
4	5	3	1	4	3	1	2	4	3
問21	問22	問23	問24	問25	問26	問27	問28	問29	問30
1	3	1	5	4	5	1	2	5	4

第3回 解答一覧

管理技術 I

問1
I　A－1（末しょう血液）　　B－7（血色素）
　　C－4（ヘマトクリット）　D－14（白血球百分率）
　　E－4（赤血球）　　　　　F－4（赤血球）
　　G－5（白血球）　　　　　H－2（B細胞）　　　I－9（T細胞）
II　J－1（表皮）　　　　　　K－4（基底細胞）　　L－9（初期紅斑）
　　M－3（一時的脱毛）　　　N－8（潰瘍）　　　　O－4（後極）
　　P－12（混濁）　　　　　 Q－9（白内障）　　　R－4（晩発）

問2
I　A－8（1.8）　　　　　　B－1（1.8×10⁻²）　　C－4（0.9）
　　D－11（40）　　　　　　 E－6（1.3）　　　　　F－14（250）
II　G－3（8.5）　　　　　　H－3（530）　　　　　I－2（3.9）
III　J－5（銀活性リン酸塩ガラス）　　　　　　　　K－4（紫外線）
　　L－2（小さい）　　　　　M－6（二次電子）　　N－5（電離）
　　O－5（電流）　　　　　　P－1（小さく）　　　Q－2（低い）

問3
I　A－3（警察官）　　　　　B－4（¹³⁷ᵐBa）　　　C－8（662）
　　D－11（γ）　　　　　　　E－15（GM管）
II　F－3（1cm線量当量）　　G－7（3.0）　　　　　H－10（17）
　　I－13（63）
III　J－1（β）　　　　　　　K－5（外して）　　　L－13（444）
　　M－8（0.84）　　　　　　N－15（されない）　　O－15（されない）

問4
I　A－3（α線）　　　　　　B－4（β線）　　　　 C－5（γ線）
　　D－9（X線）　　　　　　 E－8（中性子線）
II　F－1（α線）　　　　　　G－2（β線）　　　　 H－12（非弾性散乱）
　　I－11（弾性散乱）　　　　J－6（制動放射線）
III　K－9（光電効果）　　　　L－11（コンプトン効果）
　　M－4（レイリー散乱）　　N－8（電子対生成）
　　a－1（軌道電子）　　　　b－2（陽電子）
　　ア－1（長い）　　　　　　イ－2（1.022）

問 **5**

Ⅰ　A－2（過冷却）　　B－3（イオン）　　C－8（陽電子）
　　D－1（泡箱）　　　E－3（臭化銀）

Ⅱ　F－3（ウラン）　　G－2（飛跡 Y）　　H－1（飛跡 X）
　　I－3（ローレンツ力）　J－5（ラドン）
　　ア－12（8）　　　　イ－11（6）　　　ウ－1（－2）
　　エ－3（7,400）　　　オ－5（1）

Ⅲ　カ－4（$\frac{3}{2}$）　　キ－8（2.8）　　　ク－4（0.4）
　　ケ－6（1.1）　　　　コ－14（900）

管理技術Ⅱ

問1	問2	問3	問4	問5	問6	問7	問8	問9	問10
1	1	1	2	3	2	2	4	4	3
問11	問12	問13	問14	問15	問16	問17	問18	問19	問20
4	4	1	5	2	4	1	3	3	3
問21	問22	問23	問24	問25	問26	問27	問28	問29	問30
4	2	3	3	1	4	1	5	5	5

法令

問1	問2	問3	問4	問5	問6	問7	問8	問9	問10
2	4	5	2	3	1	1	2	4	3
問11	問12	問13	問14	問15	問16	問17	問18	問19	問20
3	2	4	5	5	4	5	3	3	2
問21	問22	問23	問24	問25	問26	問27	問28	問29	問30
1	5	1	4	1	5	4	5	2	3

第1回 解答解説

管理技術 I

問1 解答

I　A−2（確定的）　　　　　B−5（2本鎖切断）
　　C−7（放射線感受性）　　D−10（2.5〜3）

II　E−6（間接）　F−7（直接）　G−3（吸収線量）
　　H−11（X線）　I−8（小さい）　J−8（小さい）
　　ア−2（②）　　イ−1（①）

III　K−7（ブラッグピーク）　L−4（重粒子線）　M−14（熱）
　　N−11（脳腫瘍）
　　ウ−3（^{10}B）　　エ−2（^{7}Li）

問1 解説

I　細胞死は放射線による様々な確定的影響を引き起こしますが，細胞死の原因損傷は主として DNA の2本鎖切断であると考えられています。放射線治療では，治療効果に関わる因子として照射条件やがん細胞の放射線感受性などが挙げられます。がん細胞は，それぞれ固有の放射線感受性を持ち，また，その値はがん細胞の置かれた環境によっても大きく変わることが知られています。例えば，腫瘍血管から離れると酸素が十分供給されなくなり，低酸素細胞となります。一般に，酸素存在下で放射線照射された場合，低酸素下で照射された場合に比べ放射線感受性が高まります。この現象は酸素効果といいます。酸素効果の程度は OER（酸素増感比）で表され，次のように定義されています。X線やγ線の OER は 2.5〜3 程度です。

$$\mathrm{OER} = \frac{無酸素下で，ある効果を得るのに必要な放射線量}{酸素存在下で，同じ効果を得るのに必要な放射線量}$$

II　電離放射線の生物作用の様式には，間接作用と直接作用があります。放射線は LET が異なると，吸収容量が同じでも放射線損傷の質や程度が異なることが知られています。高 LET 放射線の生物作用は，低 LET 放射線に比べて直接作用の寄与が大きくなります。RBE は X 線やγ線を基準として求めますが，細胞致死の RBE と LET の関係は，一般的に図Aの②のようになります。RBE は，LET が 100keV/μm を超えるあたりから急激に低下するということを覚えておいて下さい。

　OER と LET の関係は図B①のようになります。OER は低 LET 領域である

程度の大きさ（2.5〜3）があり，高 LET 領域（100keV/μm を超える領域）で急激に小さくなることを知っておきましょう。

さらに，高 LET 放射線の生物作用には，回復の程度も細胞周期依存性も小さいといった特徴があります。

Ⅲ　陽子線は，体内に入っても浅いところでのエネルギー付与は小さく，ある程度入ったところでエネルギー付与が大きくなり，その部位に大きな線量を与えるブラッグピークを形成します。そのため，病巣に線量を集中でき，正常組織への障害を大きく軽減することに寄与しています。

重粒子線は，高 LET 放射線の生物学的特徴と，ブラッグピークを作るといった物理的特徴を持っており，がん治療に大きく期待されています。

熱中性子は原子核に吸収されやすく，中性子捕捉療法として脳腫瘍などの治療に使われています。この治療では，^{10}B は熱中性子に対する核反応断面積が非常に大きいことから，^{10}B を含み，腫瘍に集積する化合物を患者に投与します。中性子を吸収した ^{10}B（ボロン）から $α$ 線と ^{7}Li 反跳核が放出され，これらの放出された粒子でがん細胞を照射する治療法です。BNCT（ボロン・ニュートロン・キャプチャー・セラピー）という名前を覚えておくとよいでしょう。

問2 解答

Ⅰ　A-1（ウラン）　　B-4（気体）　　　　C-7（$α$）
　　D-7（4減る）　　E-3（全身に分布）　F-2（EC 壊変）
　　ア-3（^{222}Rn）　イ-12（1.2）
Ⅱ　G-2（$γ$線）　　　H-4（核破砕）　　　I-7（高）
　　ウ-1（0.48）　　エ-7（^{14}C）　　　　オ-10（5,700）
Ⅲ　J-1（低エネルギー$β$）　K-7（両方とも）　L-10（水分計）
　　カ-2（^{63}Ni）　　　キ-3（^{85}Kr）　　　　ク-6（^{241}Am）

問2 解説

Ⅰ　日常生活での内部被ばくに寄与する代表的な天然放射性核種としては，^{222}Rn とその子孫核種（壊変生成核種）や，^{40}K が挙げられます。これら核種による年間の内部被ばく線量（世界平均）は，前者によるものが1.2mSv，後者によるものが0.17mSv と報告されています。

^{222}Rn は，ウラン系列に属する放射性核種で，常温では気体状で存在します。また，^{222}Rn は約3.8日の半減期で $α$ 壊変し，壊変により（原子番号が2だけ減って）質量数が4だけ減ります。

^{40}K はカリウム同位体の約0.012%を占めており，野菜などの摂取によって人の体内に取り込まれ，（ナトリウムなどとおおよそ同じ化学的性質がありますので）体内では全身に分布しています。また，^{40}K は分岐壊変（複数の経路で壊変）する核種であって，約89%が β^- 壊変により ^{40}Ca となり，約11%が EC 壊変により ^{40}Ar となります。

Ⅱ　日常生活での外部被ばくに寄与する代表的な放射線としては，地殻起源の核種からの放射線や，宇宙線があげられます。これら放射線による年間の外部被ばく線量（世界平均）は，前者によるものが0.48mSv，後者によるものが0.38mSv と報告されています。

　地殻起源の核種からの放射線による外部被ばくには，土壌中や建材中に含まれるウラン系列核種，トリウム系列核種および ^{40}K からのγ線が主に寄与しています（より正確には，^{40}K が EC 壊変して ^{40m}Ar となり，これが核異性体転移する過程でγ線を放出し安定核 ^{40}Ar となります）。

　宇宙線による外部被ばくには，宇宙線による大気中の原子核の核破砕反応に伴って発生した二次宇宙線（電子，光子，中性子，ミューオンなど）が寄与しており，それらによる被ばく線量は基本的に標高の高い場所ほど高くなります。また，宇宙線に起因する核反応により，大気中では ^{3}H，^{7}Be，^{14}C などの誘導放射性核種が生成しています。このうち ^{14}C は，大気中に ^{14}CO$_2$ として広く分布し，半減期約5,700年で ^{14}N に壊変しますので，この半減期の長さが考古学試料などの年代測定に有効に利用されています。

Ⅲ　エレクトロン・キャプチャ・ディテクタ（ECD）ガスクロマトグラフは，低エネルギーβ線によるキャリアガスのイオン化を利用し，電流の変化から PCB などの電子親和性化合物を高感度で検出（定量）します。この装置では一般的に，線源には ^{63}Ni を用い，キャリアガスには窒素を用いています。

　厚さ計は，放射線の吸収や散乱の差を利用して厚さを測定するもので，測定対象物によって利用される線種や線源が異なります。使用許可・届出台数を比較すると，β線を利用した厚さ計では線源に ^{85}Kr や ^{147}Pm を用いた機器が多く，γ線を利用した厚さ計では線源に ^{241}Am や ^{137}Cs を用いた機器が多くなっています。厚さ計には主に透過型と散乱型がありますが，β線を利用した厚さ計は，両方とも存在します。放射線の吸収や散乱を利用した機器は厚さ計以外にも幅広く使用されており，多くの機器はβ線やγ線を利用していますが，水分計のように中性子線を利用している機器もあります。

管理技術Ⅰ

これらに関連して，利用されている核種を表にまとめます。

表　放射線利用機器と利用されている核種

利用機器	利用核種
硫黄分析計	^{55}Fe（励起型），^{241}Am（透過型）
骨塩定量分析装置	^{125}I，^{241}Am
インターロック装置	^{60}Co
たばこ量目制御装置	^{90}Sr
厚さ計	^{85}Kr，^{90}Sr，^{137}Cs，^{147}Pm，^{204}Tl，^{241}Am
密度計，レベル計	^{60}Co，^{137}Cs
水分計＊1	^{226}Ra－Be，^{241}Am－Be，^{252}Cf
スラブ位置検出装置＊2	^{60}Co
蛍光 X 線装置	^{55}Fe，^{241}Am
煙感知器	^{241}Am
非破壊検査装置	^{60}Co，^{137}Cs，^{192}Ir
ラジオグラフィー＊3	^{137}Cs，^{192}Ir
ガスクロマトグラフ用 ECD＊4	^{63}Ni

＊1　水分計は中性子線を利用しています。^{226}Ra や ^{241}Am は直接に中性子を出しませんが，これらが放出する α 線が Be に衝突して（α, n）反応を起こし，中性子が放出されます。
＊2　スラブとは，製鉄工程における厚めの圧延鋼材のことをいいます。
＊3　ラジオグラフィーとは，放射線を用いて画像を作る方法の総称で，X 線写真もこれに属します。
＊4　ガスクロマトグラフ用 ECD とは，ガスクロマトグラフの検出器（濃度測定部）として用いられるものの一種で，電子捕獲型検出器のことです。

放射線もいろいろな機器によって利用されているのですね

問3 解答
Ⅰ　A － 11　(6.9×10^{-2})　　　B － 15　(6.2×10^{1})
　　C － 12　(1.1×10^{-1})　　　D － 5　(9.4×10^{-5})
　　E － 8　(3.3×10^{-3})　　　F － 7　(1.5×10^{-3})

G－2　(5.9×10^{-6})　　　　H－1　(2.6×10^{-6})
　　　ア－3　(1.0)　　　イ－5　(1.3)　　　ウ－8　(250)
Ⅱ　I－14　(5.0×10^2)　　　　J－9　(2.2×10^0)
　　　K－4　(3.4×10^{-1})　　　L－12　(1.5×10^2)
　　　エ－2　(2)
Ⅲ　M－1　$(内)$　　　N－5　$(1\,cm\,線量当量)$　　　O－8　$(小さくなる)$
　　　オ－3　(0.49)

問3 解説

Ⅰ　A：実効線量が最小になる場合は，照射線量が最大（最長）の15mとなるときですので，そのときの線量率は，

$$7.8 \times 10^{-2}\mu Sv \cdot m^2 \cdot MBq^{-1} \cdot h^{-1} \times 2 \times 10^2 MBq \div 15^2 m^2 = 6.9 \times 10^{-2}\mu Sv \cdot h^{-1}$$

B：実効線量が最大になる場合は，照射線量が最小（最短）の0.5mとなるときですので，そのときの線量率は，

$$7.8 \times 10^{-2}\mu Sv \cdot m^2 \cdot MBq^{-1} \cdot h^{-1} \times 2 \times 10^2 MBq \div 0.5^2 m^2 = 62\mu Sv \cdot h^{-1}$$

C：線源からの距離が0.5mなので，遮蔽のない場合にはBの結果の線量率となります。線源の保管時においては，$62\mu Sv \cdot h^{-1}$に対して，鉛の厚さ6cmの容器・シャッターで遮蔽されますので，実効線量透過率の1.8×10^{-3}を用いて，

$$62\mu Sv \cdot h^{-1} \times 1.8 \times 10^{-3} = 1.1 \times 10^{-1}\mu Sv \cdot h^{-1}$$

　また，実効線量の法定限度は1.0mSv／週，管理区域境界および事業所境界における1時間当たりの実効線量の法定限度は，それぞれ1.3mSv／3月および250μSv/3月となっています。

D：評価地点Pは，線源からの距離が5mで，線源は鉛（厚さ6cm）の容器・シャッターおよびコンクリート（厚さ30cm）で遮蔽されていますので，照射時，保管時の実効線量率は，次のようになります。

$$7.8 \times 10^{-2}\mu Sv \cdot m^2 \cdot MBq^{-1} \cdot h^{-1} \times 2 \times 10^2 MBq \div 5^2 m^2 \times 1.8 \times 10^{-3} \times 8.4 \times 10^{-2}$$
$$= 9.4 \times 10^{-5}\mu Sv \cdot h^{-1}$$

E：評価地点Qは，線源からの距離が20mで，照射時にはコンクリート（厚さ30cm）で遮蔽されていますので，照射時の実効線量率は，次のようになります。

$$7.8 \times 10^{-2}\mu Sv \cdot m^2 \cdot MBq^{-1} \cdot h^{-1} \times 2 \times 10^2 MBq \div 20^2 m^2 \times 8.4 \times 10^{-2}$$
$$= 3.3 \times 10^{-3}\mu Sv \cdot h^{-1}$$

F：評価地点Rは，線源からの距離が30mで，照射時にはコンクリート（厚さ30cm）で遮蔽されていますので，照射時の実効線量率は，次のようになります。

$7.8 \times 10^{-2} \mu Sv \cdot m^2 \cdot MBq^{-1} \cdot h^{-1} \times 2 \times 10^2 MBq \div 30^2 m^2 \times 8.4 \times 10^{-2}$
$= 1.5 \times 10^{-3} \mu Sv \cdot h^{-1}$

G：評価地点 Q での線源保管時には，E の実効線量率に鉛（厚さ 6 cm）の容器・シャッターによる実効線量透過率をかけたものになりますので，
$3.3 \times 10^{-3} \mu Sv \cdot h^{-1} \times 1.8 \times 10^{-3} = 5.9 \times 10^{-6} \mu Sv \cdot h^{-1}$

H：評価地点 R で，線源保管時には，F の実効線量率に鉛（厚さ 6 cm）の容器・シャッターによる実効線量透過率をかけたものになりますので，
$1.5 \times 10^{-3} \mu Sv \cdot h^{-1} \times 1.8 \times 10^{-3} = 2.6 \times 10^{-6} \mu Sv \cdot h^{-1}$

Ⅱ I：予備室と照射室は，照射条件は変わらないままで，線源の数量が変わる形となります。したがって，数量の比がそのまま線量率の比ということです。よって次のようになります。

$$\frac{予備室の {}^{137}Cs 線源の数量}{照射室の {}^{137}Cs 線源の数量} = \frac{1.0 \times 10^5}{2.0 \times 10^2} = 5.0 \times 10^2$$

J：C の場合と同様に，照射距離が最小の0.5m，線源は鉛（厚さ 6 cm）の容器・シャッターで遮蔽されていますので，実効線量透過率を1.8×10^{-3}として求めます。実効線量率としては，
$7.8 \times 10^{-2} \mu Sv \cdot m^2 \cdot MBq^{-1} \cdot h^{-1} \times 1.0 \times 10^5 MBq \div 0.5^2 m^2 \times 1.8 \times 10^{-3}$
$= 56 \mu Sv \cdot h^{-1}$

これをもとに，常時立ち入る場所における評価として40時間／週を用いて，
$56 \mu Sv \cdot h^{-1} \times 40h／週 = 2.2 mSv／週$

エ：1日の使用時間を 8 時間とすると，1日当たりとして，
$56 \mu Sv \cdot h^{-1} \times 8h = 448 \mu Sv = 0.448 mSv$

となって，実効線量の法定限度1.0mSv／週を超えない最大の日数は 2 日となります。

K：線源 B から照射時に線量率が最大となる管理区域境界の評価地点 T まで20m の距離があります。また，コンクリート（厚さ30cm）で遮蔽されていますので，照射時における評価地点 T の実効線量率は，次のようになります。
$7.8 \times 10^{-2} \mu Sv \cdot m^2 \cdot MBq^{-1} \cdot h^{-1} \times 1.0 \times 10^5 MBq \div 20^2 m^2 \times 8.4 \times 10^{-2}$
$= 1.64 \mu Sv \cdot h^{-1}$

これの 3 月当たりの照射時間（ 2 日／週× 8 h／日×13週／ 3 月）では，
$1.64 \mu Sv \cdot h^{-1} \times 2 \times 8 \times 13 = 341 \mu Sv$

また，保管時はこれにさらに鉛（厚さ 6 cm）で遮蔽されていますので，評価地点 T の実効線量率は，
$7.8 \times 10^{-2} \mu Sv \cdot m^2 \cdot MBq^{-1} \cdot h^{-1} \times 1 \times 10^5 MBq \div 20^2 m^2 \times 1.8 \times 10^{-3} \times 8.4 \times 10^{-2}$

$= 2.95 \times 10^{-3} \mu Sv \cdot h^{-1}$

保管時間は $500 - 2 \times 8 \times 13h$ となりますので，

$2.95 \times 10^{-3} \mu Sv \cdot h^{-1} \times (500 - 2 \times 8 \times 13) = 0.86 \mu Sv$

以上を合計すると，

$341 + 0.86 = 341.86 \mu Sv = 0.34 mSv = 3.4 \times 10^{-1} mSv$

L：Kと同じ求め方になります。線源Bから照射時に線量率が最大となる事業所境界のUまで30mの距離であり，コンクリート（厚さ30cm）で遮蔽されていますので，照射時における評価地点Uでの実効線量率は，

$7.8 \times 10^{-2} \mu Sv \cdot m^2 \cdot MBq^{-1} \cdot h^{-1} \times 1.0 \times 10^5 MBq \div 30^2 m^2 \times 8.4 \times 10^{-2}$
$= 0.728 \mu Sv \cdot h^{-1}$

これの3月当たりの照射時間（2日／週×8h／日×13週／3月）では，

$0.728 \mu Sv \cdot h^{-1} \times 2 \times 8 \times 13 = 151 \mu Sv$

また，保管時は鉛（厚さ6cm）遮蔽を加えて，評価地点Uの実効線量率は，

$7.8 \times 10^{-2} \mu Sv \cdot m^2 \cdot MBq^{-1} \cdot h^{-1} \times 1 \times 10^5 MBq \div 30^2 m^2 \times 1.8 \times 10^{-3} \times 8.4 \times 10^{-2}$
$= 1.31 \times 10^{-3} \mu Sv \cdot h^{-1}$

保管時間は事業所境界ですので，$2184 - 2 \times 8 \times 13h$ となって，

$1.31 \times 10^{-3} \mu Sv \cdot h^{-1} \times (2184 - 2 \times 8 \times 13) = 2.59 \mu Sv$

以上を合計すると，

$151 + 2.59 = 153.59 \mu Sv ≒ 1.5 \times 10^2 \mu Sv$

Ⅲ　着用する防護衣について，不均等被ばく対策として，蛍光ガラス線量計を胸部（防護衣の内側）と頸(けい)部にそれぞれ装着します。評価式 $E = 0.11 \cdot H_a + 0.89 \cdot H_b$ において，H_a は頸部に装着した線量計から得た1cm線量当量の値，H_b は胸部に装着した線量計から得た1cm線量当量の値です。

また，^{241}Am線源はα線および59.5keVのγ線を，^{60}Co線源は1.17MeV，1.33MeVのγ線を放出する核種です。鉛によるγ線の遮蔽は高エネルギーのγ線ほど遮蔽ができなくなります。α線は簡単に遮蔽されますので，この場合には，エネルギーの高いγ線を放出する^{60}Co線源からの放射線を遮蔽する効果は小さくなります。

オ：$E = 0.6mSv$ となる H_b を求める問題になります。防護衣の効果によって次のようになりますので，

$H_b = H_a/3$

これらを E の計算式に代入して，

$0.6 = 0.11 \times 3H_b + 0.89 \cdot H_b$

これを解いて，
 $H_b = 0.6/(0.11 \times 3 + 0.89) = 0.6/1.22 = 0.4918 \fallingdotseq 0.49$ mSv

問4 解答

Ⅰ　A－3（ZnS（Ag）シンチレーション）　　B－6（GM管）
　　C－8（^{3}He比例計数管）　　D－1（電離箱）
　　E－1（低い）　　F－3（0～3）　　G－8（上昇）
　　H－2（分解）　　I－7（放電）　　J－8（陽イオン）
　　K－13（電場）　　L－5（5.0）
Ⅱ　M－5（30）　　N－13（RC）　　O－3（23）
Ⅲ　P－1（小さ）　　Q－2（高）　　R－4（二次電子の放出）
　　S－4（86）　　T－10（1.05）

問4 解説

Ⅰ　α核種の汚染測定用としてZnS（Ag）シンチレーション式があり，β核種の汚染測定用としてGM管式があり，中性子線の線量当量率測定用として減速材を組み込んだ^{3}He比例計数管式があり，また，γ（X）線の線量当量率測定用として電離箱式，GM管式，NaI（Tl）シンチレーション式などがあります。

　このうち，ZnS（Ag）シンチレーション式サーベイメータの特徴の1つは，γ線に対して感度が低いことであり，このためバックグラウンド計数率は通常0～3cpm程度です。また，検出窓は破損しやすく，微小な破損で指示値が上昇しますので，その取扱いには十分な注意が必要です。

　一方，GM管式サーベイメータの特徴の1つは，分解時間が長いので計数の数え落としが問題となる点です。入射した放射線により放電すると，中心電極を包むように陽イオンの鞘が残され，中心付近の電場が小さくなり，次の放射線による放電が起こらないことによるものです。例えば，分解時間が250μsのサーベイメータにおいて指示値12,000cpm＝200cpsが得られたとき，真の値の5.0%が数え落とされていることになります。つまり，1秒間に200回の分解時間（250μs）がありますので，次のように計算されます。
 $250 \times 10^{-6} \times 200 = 5.0 \times 10^{-2} = 5.0\%$

Ⅱ　M：300cpm＝5cpsですので，時定数 $\tau = 10$s から，時間 2τ での計数は $5 \times 2 \times 10 = 100$ カウントになります。そのときの相対誤差は，$\dfrac{\sqrt{n}}{n} = \dfrac{1}{\sqrt{n}}$ を求めて，

$$\frac{1}{\sqrt{100}} = 0.1$$

したがって，300cpmにおける誤差は $300 \times 0.1 = 30$cpm となります。

N：静電容量は電気容量ともいわれ，電荷 e を電位 V で割ったものです（コンデンサは CV という電荷を蓄えられます）。

$$C = e/V$$

一方，抵抗値 R は電圧 V を電流 I で割ったものですので（オームの法則 $V = IR$ を思い出しましょう），

$$R = V/I$$

以上の2式から電圧 V を消すために両辺どうしを掛け算して，

$$CR = e/I$$

電流 I が時間当たりの電荷移動量であることを考えれば，この式の単位が時間であることになります。すなわち，時定数と単位が一致します。その他の選択肢は単位が時定数になりません。

O：十分に長い時間が経過したときの指示値を M_0 とすると，測定を始めてから t 秒後の指示値 M は次のように表されます。e は自然対数の底です。

$$M = M_0(1 - e^{-t/\tau})$$

これを用いて，最終指示値の90％に達する時間を求めると，

$$0.9 = 1 - e^{-t/10}$$
$$e^{-t/10} = 0.1$$
$$e^{t/10} = 10$$

両辺の自然対数をとって，$\ln(e^x) = x$ の関係を使えば，

$$t/10 = \ln 10 = 2.3 \quad \therefore \quad t = 23\text{s}$$

Ⅲ ^{137}Cs（0.662MeV の γ 線）を用いて校正された GM 管式サーベイメータで ^{60}Co（1.25MeV の γ 線）による線量当量率を測定する場合，乗ずる校正定数は，1より小さくなります。

サーベイメータの感度は γ 線の入射方向によって変化しますが，GM 管式サーベイメータでは，検出器の前面よりも側面方向から入射する γ 線に対して感度が高くなります。これには，管壁での二次電子の放出が主に関わっています。

S：1 cm 線量当量率 D を求めると，線源が3.7GBq，1 cm 線量当量率定数が $0.093\mu\text{Sv}\cdot\text{m}^2\cdot\text{MBq}^{-1}\cdot\text{h}^{-1}$，距離が2 m ですので，

$$D = 3.7 \times 10^3 \times 0.093/2^2 = 86.0\mu\text{Sv}\cdot\text{h}^{-1}$$

T：$86.0\mu\text{Sv}\cdot\text{h}^{-1}$ であるはずのところ，指示値が $82\mu\text{S}\cdot\text{h}^{-1}$ であったというの

で，校正定数は次のようになります。

$86/82 = 1.05$

問 5 解答
Ⅰ　A－1（α壊変）　　　　　B－3（軌道電子捕獲）
　　C－4（核異性体転移）　　D－2（β⁻壊変）
　　E－2（－4）　　　　　　F－6（0）
Ⅱ　G－7（100年）　　H－2（73.8日）　　I－2（β線）
　　J－3（γ線）　　　K－5（中性子線）
　　L－3（ガスクロマトグラフ）　　　　　　M－5（水分計）
Ⅲ　N－4（320）　　O－3（4）　　　P－4（280）
　　Q－4（4.5）　　R－2（1.6）

問 5 解説
Ⅰ　完成させた表を次に示します。それぞれの壊変における変化を確認しておきましょう。

壊変形式	原子番号の変化	質量数の変化
α壊変	－2	－4
軌道電子捕獲	－1	0
核異性体転移	0	0
β⁻壊変	＋	0
β⁺壊変	－1	0

Ⅱ　完成させた表を次に示します。

核種	半減期	利用する放射線	利用機器
^{63}Ni	100年	β線	ガスクロマトグラフ
^{192}Ir	73.8日	γ線	非破壊検査装置
^{252}Cf	2.65年	中性子線	水分計

　低エネルギーβ線源の代表的なものとして，^{3}H，^{14}C，^{63}Niなどがあります。エネルギーの高いβ線源としては，^{90}Srや^{106}Ruなどが用いられます。
　一方，低エネルギーのγ線源としては，^{55}Fe，^{57}Co，^{241}Amなどが，中高エネルギーのγ線源としては，^{60}Co，^{137}Cs，^{192}Irなどが用いられています（こ

れらγ線源とされる元素も，いきなりγ線を発するのではなく，それぞれEC壊変やβ壊変した後の核がγ線を出します。β壊変というものはありますが，γ壊変という壊変はありません）。

半減期も代表的なものは頭に入れておきましょう。選択肢にある数値がそれぞれ何の半減期かわかる方は相当学習されている方でしょう。まとめておきます。選択肢に並べられるくらいですから，これらは重要です。

^{32}P	14.3日
^{192}Ir	73.8日
^{210}Po	138日
^{60}Co	5.27年
^{90}Sr	28.7年
^{137}Cs	30.0年
^{63}Ni	100年
^{241}Am	432年

Ⅲ　N：cpmとは1分当たりのカウントのことですから，
　　6400カウント÷20分＝320cpm

O：標準偏差はカウント数の平方根で求められます。それを1分当たりに直します。

　　$\sqrt{6400}/20 = 80/20 = 4$cpm

P：計測された計数率からバックグラウンド計数率を引きます。
　　320－40＝280cpm

Q：標準偏差は分散の平方根ですので，次のような関係があります。
　　標準偏差＝$\sqrt{分散}$

また，独立した2つの事象（AおよびB）の合成された分散は，それぞれの分散の和になりますので，
　　合成された分散＝Aの分散＋Bの分散

したがって，本問では，測定の分散とバックグラウンドの分散を合計し，その平方根として正味の計数率の標準偏差を求めます。
　　$\sqrt{4^2+2^2} = \sqrt{20} = 2\sqrt{5} \fallingdotseq 2 \times 2.24 = 4.48$cpm

R：正味の計数率の相対標準偏差は，正味の計数率の標準偏差を正味の計数率で割って求めます。
　　$4.48 \div 280 = 0.016 = 1.6\%$

試験の時はすぐに解けそうな問題を先に
済ませて，難しい問題に時間をかけられる
ようにしましょう

管理技術 Ⅱ

問1 解答 4 解説 頻繁に登場する量の単位について，正しくおさえておきましょう。

A　カーマは，$J \cdot kg^{-1}$ が正しい単位です。吸収線量の特別な場合の量（X線，γ線および中性子線などの非電荷粒子線における吸収線量）です。

B　LET（Linear Energy Transfer，**線エネルギー付与**）は，単位長さ当たりにおいて，どの程度のエネルギーが物質に与えられるか，という程度を示すもので，その正しい単位は $keV \cdot \mu m^{-1}$ です。

C　吸収線量の定義は，放射線を浴びる場に置かれた物質の単位質量 dm [kg] 当たりの吸収放射線エネルギー dE [J] となります。カーマと同様で，$J \cdot kg^{-1}$ です。Gy という固有名称もあります。

D　粒子フルエンスの m^{-2} は，正しい単位です。これはある球体に入射してくる粒子数 dN を球の断面積（大円の面積／球と同じ半径の円の面積）da [m^2] で割った値です。定義式は次式です。

$$\Phi = \frac{dN}{da}$$

問2 解答 5 解説 A～D の核種のいずれも主に α 壊変を行う核種として該当します。

A　^{226}Ra は，ウラン系列（$4n+2$ 系列）に属し，α 壊変して ^{222}Rn になることで有名です。

B　^{238}U は，ウラン系列（$4n+2$ 系列）の最初の核種であり，α 壊変して ^{234}Th になります。

C　^{241}Am は，^{241}Am－Be の形で中性子線源として多用されるものです。^{241}Am は直接には中性子を出しませんが，これが放出する α 線が Be に衝突することで ^{9}Be（α, n）^{12}C という反応が起き，中性子が放出されます。

D　^{252}Cf は，自発核分裂を起こすことで有名ですが，自発核分裂は3％程度の確率であり，残りの約97％は α 壊変を起こします。

問3 解答 3 解説 B の β 線と E の核分裂中性子は，連続スペクトルを示します。β 線が連続スペクトルを示すのは，ニュートリノや反ニュートリノが壊変エネルギーの一部を持ち去るためです。核分裂中性子も完全には一定形態の分裂をしないためにエネルギースペクトルは線にはなりません。

　A の α 線は，ヘリウム原子核のビームですので，固有のエネルギー値を持ち

ますので線スペクトルとなります。
　また，Cのγ線は，核異性体転移のような形から放出されますが，放出前後のエネルギー準位の差に応じた線スペクトルとなります。
　さらに，Dの内部転換電子は，励起状態の遷移の際のエネルギーが軌道電子に与えられて電子が放出されるのですが，軌道電子がそれまで束縛されていたエネルギーに見合う値の線スペクトルになります。

問4 解答 1 解説 A　正しい関係式です。電子と陽電子は互いに反物質ですので，その静止質量は等しいものとなっています。
B　正しい関係式です。ニュートリノの質量はほぼゼロとされています。
C　陽子と中性子は，いずれも電子と比較すると約1,800倍の静止質量があり，ほぼ同じともいえますが，若干中性子の方が重くなっています。次の表を確認しておきましょう。陽子と中性子は相対比較しておきましょう。ただし，電子の0.511MeVは重要ですので，頭に入れておいて下さい。

粒子種	原子質量単位 [amu]	エネルギー表示 [MeV]
陽子	1.0073	938.3
中性子	1.0087	939.6
電子	0.0005	0.511

「陽子＜中性子」が正しいです。
D　α粒子とはヘリウム原子核ですので，ヘリウム原子より電子2個分だけ軽くなっています。≒でつなぐと誤りとは言いにくいですが，＝でつなぐのはよいことではなく，誤った記述といえるでしょう。

問5 解答 2 解説 ^{134}Csの半減期は与えられていますが，^{137}Csの半減期は与えられていません。^{137}Csは有名ですから，与えなくてもよいということでしょう。約30年と覚えておきましょう。
　本問は厳密に考えると，両方の核種の1年後の放射能をそれぞれ計算するべきなのですが，選択肢の間隔（0.7−0.6＝0.1など）の大きさからいって，半減期が30年の^{137}Csの1年での減少は小さいものと仮定して，^{134}Csだけを計算します（仮に，与えられている選択肢が0.71と0.72のような幅の小さいものであれば，^{134}Csと^{137}Csの両方の計算を精密に行わなければなりません）。
　半減期がTである核種の時間t後の放射能は，開始時期の放射能を1として，次のようになります。

$(1/2)^{t/T}$

本問で，^{134}Csの1年後の放射能は，半減期が2年ということですので，

$$(1/2)^{1/2} = \sqrt{1/2} = \frac{\sqrt{2}}{2} \fallingdotseq 0.71$$

問6 解答 2 解説 原子断面積とは，粒子等の衝突が起こる確率（頻度）を表す量に相当します。1個の粒子aを多数の散乱体Aからなる標的に入射させるとき，標的の単位面積当たりに含まれるAの数をN，aがAと衝突を起こす確率を$N\sigma$とすれば，σが断面積と呼ばれる量になります。

 ^{60}Coは1.173MeVと1.333MeVの2本のγ線を放出して^{60}Niになります。これらのγ線による相互作用は，ほとんどがコンプトン散乱です。

 また，電子対生成の断面積は，しきいエネルギー1.02MeV（電子2個分のエネルギー）よりわずかに高いだけであるため，極めて小さいものとなっています。

 したがって，選択肢2の次の不等式が正しいものとなります。
 コンプトン効果＞光電効果＞電子対生成

問7 解答 4 解説 A 記述は誤りです。電子線のエネルギー損失は，主に原子核との相互作用により起こるものではありません。電子線がエネルギー損失する主な原因としては，軌道電子との非弾性散乱による電離や励起，あるいは原子核の作るクーロン場における制動放射などが挙げられます。
B 記述のとおりです。同じエネルギーの電子でも，物質の緻密さなどが異なれば，到達する深さは異なります。
C これは必ずしも（すべての領域では）正しくありません。衝突阻止能は，約1MeVを超える領域では，記述のとおりですが，約1MeV以下の領域においては，電子線のエネルギーが高いほど小さくなります。
D 記述のとおりです。制動放射線は，プラスチックよりも鉄の方が発生しやすい傾向にあります。

問8 解答 1 解説 A 記述のとおりです。ある物質を電離するのに必要なエネルギーは，励起するのに必要なエネルギーよりも大きいです。電離は軌道電子を原子核の影響から完全に遠ざけることですが，励起は，軌道電子の軌道が変化するだけで，原子核の影響下にあることには違いありません。
B 記述は誤りです。気体のW値は，ほとんどの気体で約20eVから45eVの範囲に入る程度です。10keVよりも大きいというのは誤りです。
C 記述のとおりです。コンプトン効果で散乱された光子の波長は，次のコン

プトン散乱の式（h はプランクの定数，ν は入射電磁波の振動数，ν' は散乱電磁波の振動数，m_0 は電子の静止質量，θ は散乱角）

$$h\nu' = \frac{h\nu}{1+\frac{h\nu}{m_0 c^2}(1-\cos\theta)}$$

において，右辺の分母が1より大きいために散乱電磁波の振動数が小さくなり，波長は長くなります。

D 記述は誤りです。クライン－仁科の式は，光電効果の確率（微分断面積）ではなく，コンプトン効果の微分散乱断面積，すなわち散乱断面積を散乱角度の関数として表したものとなっています。

問9 解答 2 **解説** 本問において cpm は count per minute の頭文字からきている単位で，毎分の計数（計数率）を意味しています。これを分解時間の単位に合わせて cps に換算します。cps は毎秒のもの（count per second）です。

12000cpm = 200cps

いま，分解時間を T [s]，（見かけの）計数率を n [cps = s^{-1}] とすると，**真の計数率** n_0 は，次の式で求められます。つまり，検出器が働いている時間の計数率に換算していることになります。

$$n_0 = \frac{n}{1-nT} \ [\text{s}^{-1}]$$

本問において，n = 200cps，T = 100 × 10^{-6}s を代入すると，

$$n_0 = \frac{200}{1-200 \times 100 \times 10^{-6}} = \frac{200}{1-0.02} = 204\text{s}^{-1}$$

これを再び cpm に直すと，

204s^{-1} × 60 = 12240cpm

問10 解答 3 **解説** 実際に得られた計数値（5分間の全計数値）は 500cpm × 5min = 2,500 ですので，その平方根が標準偏差になります。

$\sqrt{2,500}$ = 50 カウント

これが2,500カウントにおける標準偏差ですから，その相対誤差（相対標準偏差）[%] は，次のようになります。

50/2,500 × 100 = 2.0%

問11 解答 3 **解説** GM 計数管において，印加電圧が高すぎる場合には，クエンチングガスの消費が大きくなって，GM 計数管の寿命が短くなります。クエンチングガスは，消滅ガス，あるいは内部消滅ガスなどともいわれ，過剰な

陽イオンを中性化し，多重放電を阻止して1回の放電で終わらせるようにしているガスのことです。エタノールのような有機ガスやハロゲンガスなどが用いられます。一方，加電圧が低すぎる場合には，GM計数管は安定な動作ができなくなります。

　以上を考慮して，一般に開始電圧からプラトー部分までの1／3程度の電圧にして使用します。

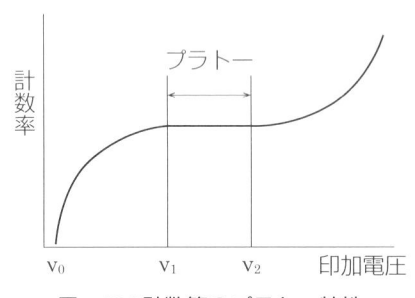

図　GM計数管のプラトー特性

プラトーとはもともと高原などの意味で，グラフの高止まり部分などを指します

問12　解答　3　**解説**　若干難易度の高い問題といえるでしょう。チャネル（チャンネル，ch）当たりのエネルギーを考えます。5000チャネルで1.333MeVなのですから，1チャネル当たりのエネルギーは次のようになります。

　　　$1.333\text{MeV}/5000\text{ch} = 0.267\text{keV}\cdot\text{ch}^{-1}$

半値幅を分解能と考えて，そのエネルギー分解能は，

　　　$0.267\text{keV}\cdot\text{ch}^{-1} \times 8.0\text{ch} = 2.14\text{keV}$

問題の意味が不明である場合の対応としては，次のように考えましょう。すなわち，ここでは次の3つの数値が与えられているのですから，

　　　$1.333\text{MeV} = 1333\text{keV}$，$8.0\text{ch}$，$5000\text{ch}$

エネルギー分解能（keV）が問われているので，エネルギーの数値（1333keV）をchの数値で比例計算すると考えます。分解能というので，それが半値幅に対応すると考えて，次の式を想定します。

　　　$1333\text{keV} \div 5000\text{ch} \times 8.0\text{ch}$

問13　解答　5　**解説**　A　記述は誤りです。NaI（Tl）シンチレータが密封されているのは，酸素クエンチングを防ぐためではなく，NaIに潮解性（空気中の水分で溶けやすいこと）があるためです。このシンチレータは，ガラス窓の付いたアルミケースなどに収めて使用されます。
B　記述は誤りです。NaI（Tl）シンチレータなどの無機シンチレータでは波

長シフターは一般に用いられません。有機液体シンチレータにおいて，発光スペクトルを変化させるために波長シフターが利用されることがあります。
C　記述のとおりです。NaI（Tl）シンチレータにドープ（添加）されているTl（タリウム）は，吸収したエネルギーが光として放出されやすいように，光電子増倍管が受けやすい波長の可視光を放出する働きがあります。発光中心として機能します。
D　記述のとおりです。NaI（Tl）シンチレータの蛍光の減衰時間は230ns＝0.23μsです。多くの無機シンチレータの蛍光の減衰時間は，μs前後の短いものとなっています。

問14　解答　2　解説　A　記述のとおりです。イメージングプレートは，X線フィルムよりも数十倍から数千倍も感度が高くなっています。
B　記述は誤りです。リアルタイムイメージング（動画撮影）への利用ではなく，イメージングプレートは画像処理やデータ処理に適しています。
C　記述のとおりです。光輝尽発光体が利用されています。具体的には，$BaFBr:Eu^{2+}$ や $BaFI:Eu^{2+}$ などがプラスチックフィルムに塗布されて利用されています。
D　記述は誤りです。読み取り操作が行われた後のイメージングプレートは，消去器で可視光を均一に照射することですべての情報が消去され，再び利用することが可能となります。

問15　解答　4　解説　A　記述は誤りです。^{90}Sr 線源は β 線源としては利用されますが，これは ^{90}Sr が β^- 壊変した ^{90}Y からの高エネルギー β 線が利用されているのです。^{90}Sr や ^{90}Y からは γ 線は放出されません。
B　記述は誤りです。^{147}Pm の β 線最大エネルギーは0.225MeVですが，γ 線はほとんど放出されません。
C　記述のとおりです。^{241}Am からの α 線はエネルギーとして5.486MeVと高く，この他に低エネルギー γ 線（0.06MeV）も放出しますので，両方が利用されています。
D　記述のとおりです。Ra-DEF線源とは「Ra」と書かれていますが，直接にラジウムではなく，$^{210}Pb \Rightarrow ^{210}Bi \Rightarrow ^{210}Po \Rightarrow ^{206}Pb$（安定）という壊変系列（ウラン系列の後半部分の系列）を意味します。^{210}Pb をRaD，^{210}Bi をRaE，^{210}Po をRaFとしています。この壊変系列は永続平衡が成立していて，^{210}Pb および ^{210}Bi が β 線源として，^{210}Po が α 線源として利用されています。

問16 解答 3 **解説** 数値をすべて覚えるのは困難なので，特徴的なものとして ^{63}Ni からのβ線エネルギーが特に小さいことを知っておきましょう。他に ^{3}H（0.0186MeV）なども小さいです。選択肢のものを表にまとめます。

選択肢	核種	β線の最大エネルギー	備考
1	^{14}C	0.156MeV	
2	^{60}Co	0.318MeV	
3	^{63}Ni	0.0669MeV	
4	^{90}Sr	0.546MeV	娘核種 ^{90}Y からのβ線は2.28MeV
5	^{192}Ir	0.672MeV	

問17 解答 5 **解説** A 記述のとおりです。厚さ計には放射線が物質によって透過吸収される現象を利用した透過型もあり，またそれに加えて後方散乱を利用した反射型，蛍光X線を利用した励起型があります。
B 記述のとおりです。水分計は，速中性子が水素原子と衝突することで弾性散乱を起こして減速され，熱中性子になる現象を利用しています。すなわち，放射線の散乱作用を利用しています。
C 記述のとおりです。ガスクロマトグラフ用ECDは，線源からのβ線によって親電子性（電子に親和性のある性質）のガスを電離し，その電離電流を検出することで気体の成分を調べるものです。放射線の電離作用を利用しています。
D 記述のとおりです。密度計は，放射線の透過によって減弱された割合を測定することで密度を知るものです。放射線の透過作用を利用しています。

問18 解答 4 **解説** 実効線量率定数を Γ [μSv·m^2·MBq^{-1}·h^{-1}]，線源強度を Q [MBq]，線源からの距離を r [m]とすると，実効線量率 D は次のように表されます。

$$D = \Gamma \cdot Q / r^2$$

また，実効線量透過率は，遮蔽材の有無の場合の比率を表すもので，遮蔽材がない場合を1としたときの，遮蔽材を通過したときの減少割合と考えます。
　以上をもとに，A，BおよびCのそれぞれの条件における線量率を計算すると，Γ は固定（一定）として，次のようになります。
A　$100 \times (1/4^2) \times \Gamma \times 1 = 6.25\Gamma$
B　$200 \times (1/1^2) \times \Gamma \times 0.0825 = 16.5\Gamma$

C $400 \times (1/0.5^2) \times \Gamma \times 0.0048 = 7.68\Gamma$

問 19 解答 3 **解説** 遮蔽効果は，単純に「密度と厚さを掛けたもの」ですので，求める鉄板の厚さを x [mm] とすると，

$0.5 \times 2.7 = x \times 7.9$ ∴ $x = 0.17$

あるいは，0.5mm のアルミニウムと同じ遮蔽効果を出すために，密度に反比例するものと考えれば，

$0.5\text{mm} \times 2.7 \div 7.9 = 0.17\text{mm}$

問 20 解答 4 **解説** A 記述は誤りです。放射線加重（荷重）係数は，放射線の種類とエネルギーに依存するものであって，組織・臓器には依存しません。
B 記述のとおりです。低線量における確率的影響の RBE を考慮して定義されています。
C 記述は誤りです。国際放射線防護委員会（ICRP）2007年勧告では，1990年勧告に対して，一部が変更されています。例えば，陽子の放射線加重係数は5 から 2 に改訂，中性子の放射線加重係数は階段関数であったものが連続関数化されています。
D 記述のとおりです。組織・臓器の平均吸収線量に放射線加重係数を掛けることにより等価線量が算定されます。

問 21 解答 1 **解説** A 記述のとおりです。熱ルミネセンス線量計において，蓄積されたエネルギーは加熱によってすべて解放されますので，読み取り後には記録が消失し，再読み取りができません。
B 記述は誤りです。蛍光ガラス線量計では，複数の素子とフィルターを組み合わせることで，γ 線，X 線，β 線および熱中性子線の測定を 1 つのバッジで分離して行うことができます。
C 記述のとおりです。OSL 線量計は，温度，湿度の影響をほとんど受けません。
D 記述のとおりです。OSL 線量計は，フィルムバッジに比べてフェーディング効果が極めて小さいものとなっています。

問 22 解答 4 **解説** 「作業中の被ばく線量の値を直読できるもの」に該当するものは，D のみです。他の 3 項目は直読できません。
A の OSL 線量計は，レーザーをかけて発光する青色の光を測定します。B

の熱ルミネセンス線量計は，熱をかけて発光する蛍光を測定します。Cの蛍光ガラス線量計は，紫外線をかけて発光するオレンジの光を検出します。

Dの半導体式ポケット線量計は，固体の電離作用を利用した検出器で，線量のディジタル表示機能があります。

問23 解答 3 解説 A 記述は誤りです。放射線作業を行うか否かにかかわらず，管理区域に立ち入る際には個人被ばく線量計を装着しなければなりません。

B 記述のとおりです。背面側のみが照射されることが明らかということで背面にも装着することは，（法令での規定はありませんが）望ましいことといえます。

C 法令上の規定は，体幹部を①頭部・頚部，②胸部・上腕部，③腹部・大腿部の３つに区分して，男性は胸部，女性は腹部に装着し，それ以外の部分が最大になる場合（不均等被ばくといいます）には，その部分にも装着することとされています。体幹部を覆う含鉛防護衣を着用したとき，襟部と防護衣内側の胸部とに装着することは，この規定に合致しているものと考えられます。

D 記述は誤りです。管理区域の中に保管することは，管理区域に入って保管場所に至るまでの間の測定ができないことを意味しますので，よくありません。一般に管理区域の出入り口付近に保管することが行われます。

問24 解答 4 解説 細胞周期依存性に関する基本的な問題です。感受性の高いところや低いところを押さえておきましょう。

A 記述は誤りです。M期の放射線感受性は最も高くなっています。

B 記述のとおりです。G_1期後期からS期初期にかけては，M期の次に放射線感受性が高い段階となっています。

C 記述のとおりです。S期では，細胞周期が進行するにつれて，放射線感受性が徐々に低くなっていきます。

D 記述は誤りです。S期後期からG_2期にかけての段階は，放射線感受性が最も低い時期となります。

図 細胞分裂周期

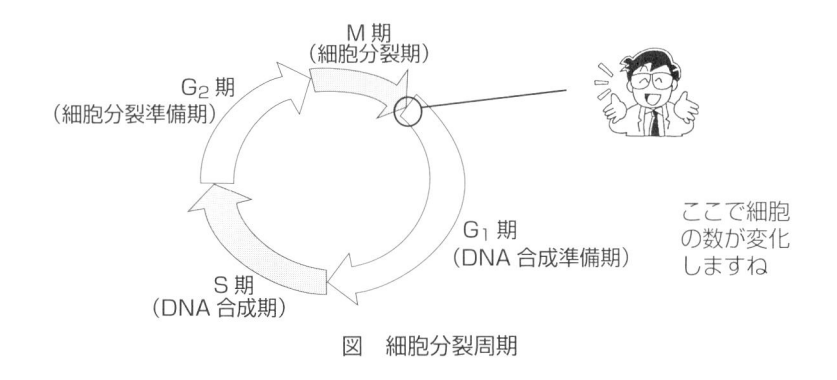

M 期（細胞分裂期）
G_2 期（細胞分裂準備期）
G_1 期（DNA 合成準備期）
S 期（DNA 合成期）

ここで細胞の数が変化しますね

問 25 解答 1 解説 A 記述のとおりです。紫外線の影響は化学作用が中心で塩基損傷を起こしますが，鎖切断までは起こしません。電離放射線は，鎖切断を起こします。
B 記述のとおりです。DNA の 1 本鎖切断が起きても対となる鎖が残っていればそれに合わせてもう一方の鎖が修復されますので，ほぼ完全に修復されることになります。そのため突然変異の原因にはなりにくいです。
C 記述は誤りです。損傷の種類によって異なる機構によって修復されます。
D 記述は誤りです。DNA に損傷がないかどうかをチェック（細胞周期チェックポイント）して，細胞周期の次の段階に進みます。細胞周期の進行は妨げられることになります。
E 記述のとおりです。フリーラジカルを介した間接作用によっても DNA 損傷は起こりえます。低 LET 放射線の場合，間接作用が半分以上を占めますので，それによって生じたフリーラジカルなどが DNA 損傷の原因となります。

問 26 解答 2 解説 胎内被ばくと体内被ばくとは発音は同じですが，意味が異なっていますので注意しましょう。妊娠中の母体にいる胎児が放射線被ばくすることを**胎内被ばく**といいます。胎内被ばくの特徴は次の 3 点です。
● 感受性が高いこと
● 妊娠に気がつかない妊娠初期においても障害が起こりうること
● 胎児の発育時期によって，影響が異なること

表　胎児の発育時期と被ばくの影響

胎児の発育時期	定義	被ばくの影響
着床前期	受精卵が子宮壁に着床する前の時期（受精後約6～7日後に着床する）	生死が問題になる。この時期に死亡することを**胚死亡**という。
器官形成期	生まれてくるために必要な多くの器官が作られる時期（受精後約8週まで）	被ばくの時期に応じて各種の奇形が発生するおそれがある。
胎児期	作られた各器官が，生まれるときの適正にして必要な大きさになるまでの時期	精神発達遅滞，発育遅延，新生児死亡が問題になる。

A　記述のとおりです。受精後8～25週の時期の被ばくでは，精神遅滞の誘発が見られます。その中でも前の時期である8～15週の方が16～25週に比較して，よりリスクが大きいとされています。
B　記述は誤りです。同じ被ばく線量であれば，高線量率被ばくの方が影響は大きくなります。
C　記述のとおりです。奇形の誘発にはしきい線量があって，0.1Gy程度とされています。
D　記述は誤りです。小頭症の誘発は，受精後15週程度までの間に観察されています。
E　記述は誤りです。着床前後の被ばくでは，奇形の誘発ではなく胚死亡になりやすいです。

問27　解答　3　解説　生体に作用して結果が発現する際に，この結果を起こすための最小作用強さを**しきい値**（**閾値**）といいますが，放射線量の場合には，これを**しきい線量**といっています。しきい線量のある放射線影響を**確定的影響**，しきい線量のない場合を**確率的影響**と定義しています。

管理技術 II

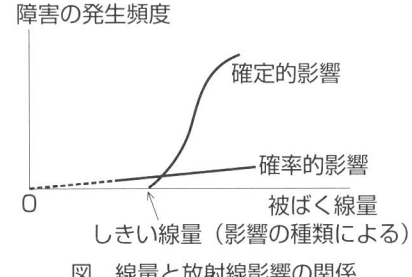

図 線量と放射線影響の関係

A 記述は誤りです。確率的影響では被ばく線量に応じて発生確率が増します。重篤度は関係ありません。いったん発病してしまうと，被ばく線量に関係なく重篤度が決まります。
B 記述のとおりです。遺伝性（的）影響は，発がんとともに，確率的影響に属します。
C 記述のとおりです。身体的影響とは，被ばくした本人に現れる症状のものをいいます。悪性腫瘍は本人が罹患するものですので，身体的影響です。
D 記述は誤りです。生殖細胞に起こる障害はすべて確定的影響とはいえません。遺伝性のものになると，確率的影響ということになります。
E 記述は誤りです。胎内被ばくによる奇形は，被ばくした胎児の症状ですので，遺伝性（的）影響ではなく身体的影響になります。

確定的影響と確率的影響はしきい値の有無によって区別されているのですね

問28 解答 2 **解説** 放射能感受性の高い順に正しく並んでいるものは，2の
　　生殖腺　＞　食道上皮　＞　脳神経
です。生殖腺は最も感受性が高く，消化器系の上皮はそれに次ぐもの，また脳神経は最も感受性が低いものです。1および3〜5の並びをそれぞれ正しくすると，次のようになります。ここで「活発」や「不活発」は細胞分裂・増殖という意味での活発さを意味しています。

1　骨髄（活発な臓器）　＞　小腸上皮（次に活発）　＞　筋肉（活発でない）
3　骨髄（活発）　　　　＞　小腸上皮（次に活発）　＞　脂肪組織（不活発）
4　骨髄（活発）　　　　＞　食道上皮（次に活発）　＞　脳神経（不活発）
5　生殖腺（活発）　　　＞　小腸上皮（次に活発）　＞　脂肪組織（不活発）

問29 解答 2 **解説** 誤っているものを選ぶ問題です。こうした出題もときどきあるので注意しましょう。

A 記述は誤りです。腸管死の線量域は，線量不依存域ともいわれるように，線量によって死亡までの日数にはあまり変化がありません。

B 記述のとおりです。小腸で最も放射線の感受性が高い細胞が，クリプト幹細胞です。腸管死は，基本的にクリプト幹細胞の死が原因で起こります。

C 記述のとおりです。腸管死は，被ばく後14日程度で起こりますので，早期障害に属します。

D 記述のとおりです。腸管死のしきい線量は10Gy程度で，確定的影響に分類されます。

E 記述は誤りです。腸管死の線量域でも重篤な骨髄障害がありえます。また，骨髄障害の潜伏期間が長いので，単純に軽微というわけにもいきません。

問30 解答 3 **解説** A 光回復は該当しません。光回復は紫外線によって起こされた塩基損傷であるチミンダイマーの修復様式になります。

B 適応応答は該当します。適応応答とは，低線量を受けた際に，受けない場合に比べてその後の被ばくの影響が小さくなる現象をいいます。低線量被ばくに関係する現象です。

C バイスタンダー効果は該当します。バイスタンダー効果は，直接に照射された細胞以外に伝わる現象をいいます。バイスタンダーとは，傍観者という意味ですが，傍観者にも影響が及ぶことを指しています。直接に被ばくしていないのですから，「それより弱い被ばく」あるいは照射されたものの近傍なので「低線量」に関係すると考えられます。

D 分子死は該当しません。むしろ，中枢神経死よりも高線量を被ばくした際に現れる障害です。

バイスタンダーとは傍観者という意味なのですね

法令

問1 解答 3 **解説** 法律の条文ですので，法律に記載されている形の記述でなければ正しいものといえない点に注意しましょう。例えば，Aにおいて，「放射性同位元素」と「放射性同位元素等」とは区別されています。

Bでは，保管や運搬は，販売や賃貸，あるいは使用や廃棄という目的のために必要な場合があるのであって，ここは「販売，賃貸」が正しい語句になります。

Cでも「放射線障害」と「被ばく等」はほぼ同じことを指していますが，この法律は「放射線障害防止法」であって，条文にも「放射線障害」とあります。

Dも，「放射線業務従事者」の安全も重要ですが，「放射線業務従事者」だけの安全確保では困りますね。

問2 解答 3 **解説** 法第3条第1項第5号に示されている「放射線」については，「核燃料物質，核原料物質，原子炉および放射線の定義に関する政令第4条」で次の4種が規定されています。なお，アルファ線は α 線と同じものですが，法律に従って，ここではアルファ線と記すことにします。

①アルファ線，重陽子線，陽子線その他の重荷電粒子線およびベータ線
②中性子線
③ガンマ線および特性エックス線（軌道電子捕獲に伴って発生する特性エックス線に限る）
④1メガ電子ボルト以上のエネルギーを有する電子線およびエックス線
 すなわち，次のようになります。
A ガンマ線はエネルギーの大小によらず，すべてこの法律における「放射線」に該当します。
B 電子線で，この法律における「放射線」に該当するものは，「1メガ電子ボルト以上のエネルギーを有するもの」ですので，Bの「1メガ電子ボルト未満のエネルギーを有する電子線」は該当しません。
C 「1メガ電子ボルト以上のエネルギーを有する」ものは電子線もエックス線も該当します。
D ベータ線も，エネルギーの大小によらず，すべてこの法律における「放射線」に該当します。なお，ベータ線も基本的には電子の流れであることがありますが，電子線とは区別されています。
ベータ線 不均一なエネルギーの電子の流れ

電子線 （加速器などによる）均一なエネルギーの電子の流れ

問3 解答 4 **解説** 1個（1組あるいは1式）当たりの数量と下限数量の関係で，許可と届出の必要性が定まりますので，それをまとめると次のようになります（法第3条第1項，法第3条の2第1項）。また，下限数量以下のものは「放射性同位元素」とはみなされず，法的規制を受けません。

表 密封された放射性同位元素の数量基準

核種	下限数量	許可	届出
^{60}Co	100kBq	100MBq 超	100MBq 以下

この表をもとに考えると，

A 記述は誤りです。100kBq ということは，下限数量そのもの，つまり「下限数量以下」ですので，規制の対象にはなりません。許可も届出も要りません。

B 記述は誤りです。使用の数量にかかわらず，表示付認証機器のみを認証条件に従って使用しようとする場合は，使用の開始の日から30日以内に原子力規制委員会に届けることでよいのです。

C 記述のとおりです。1個当たりの数量が，10MBq の密封された ^{60}Co を装備したレベル計のみ10台を使用しようとする者は，（密封されていれば，線源ごとに判定されますので，10台を合計することなく）原子力規制委員会への事前の届出でよいのです。

D 記述のとおりです。1個当たりの数量が，100MBq の密封された ^{60}Co を装備した照射装置のみ1台を使用しようとする場合も，100MBq ギリギリではありますが，あらかじめ，原子力規制委員会に届け出ればよいのです。

問4 解答 4 **解説** A 記述は誤りです。表示付認証機器のみを認証条件に従って使用しようとする場合には，「工場または事業所ごとに，かつ，認証番号が同じ表示付認証機器ごとに」というのは正しいのですが，「あらかじめ」というのは誤りです。「使用開始の日から30日以内に届け出ること」とされています。

B 記述は誤りです。「1個当たりの数量が下限数量未満の密封された放射性同位元素」は，法律的には「放射性同位元素」とはみなされません。法的規制を受けませんので，手続きを要しません。

C 記述は誤りです。表示付認証機器の使用は届出が必要ですが，賃貸や販売については，法的規制を受けませんので，手続きを要しません。

D　記述のとおりです。1個当たりの数量が下限数量の1,000倍を超える密封された放射性同位元素であって機器に装備されていないもののみを使用しようとする場合は，工場または事業所ごとに，原子力規制委員会の許可を受けなければなりません。

問5　解答　3　解説　法第4条（販売および賃貸の業の届出）第1項を次に示します。AおよびDの事項は記載されていますが，BおよびCに関する事項は記載がありません。

> 放射性同位元素を業として販売し，または賃貸しようとする者は，政令で定めるところにより，あらかじめ，次の事項を原子力規制委員会に届け出なければならない。ただし，表示付特定認証機器を業として販売し，または賃貸する者については，この限りでない。
> 一　氏名または名称および住所並びに法人にあっては，その代表者の氏名
> 二　放射性同位元素の種類
> 三　販売所または賃貸事業所の所在地

問6　解答　4　解説　A　記述は誤りです。貯蔵施設内の人が常時立ち入る場所において人が被ばくするおそれのある線量は，実効線量で1週間につき「5 mSv以下」ではなく「1 mSv以下」としなければなりません。
B　記述のとおりです。使用施設内の人が常時立ち入る場所において人が被ばくするおそれのある線量は，実効線量で1週間につき1 mSv以下としなければなりません。
C　記述は誤りです。事業所内の人が居住する区域における線量は，実効線量で3月間につき「500μSv以下」ではなく「250μSv以下」としなければなりません。
D　記述のとおりです。工場の境界における線量は，実効線量で3月間につき250μSv以下としなければなりません。

問7　解答　2　解説　難易度の高い問題といえるでしょう。正解は2の「ABDのみ」です。
平成3年科学技術庁告示第9号（使用の場所の一時的変更の届出に係る使用の目的を指定する告示）において，第1号（ガスクロマトグラフによる空気中の有害物質等の質量の調査），第2号（蛍光エックス線分析装置による物質の組成の調査），第4号（中性子水分計による土壌中の水分の質量の調査）に規

定されています。

実は，平成17年文部科学省告示第80号において次のように指定されていて，「ガンマ線密度計による物質の密度の調査」は該当するのですが，「ガンマ線厚さ計による物質の厚さの計測」はこれには該当しません。

（平成17年文部科学省告示第80号）
　放射性同位元素等による放射線障害の防止に関する法律施行令第9条第1項第5号の規定に基づき，使用の目的として次のものを指定する。
一　ガスクロマトグラフによる空気中の有害物質等の質量の調査
二　蛍光エックス線分析装置による物質の組成の調査
三　ガンマ線密度計による物質の密度の調査
四　中性子水分計による土壌中の水分の質量の調査

問8 解答　2　解説　法第13条第2項からの出題です。第1項が許可使用者の規定（使用施設，貯蔵施設および廃棄施設），第2項が届出使用者の規定（貯蔵施設）で，微妙に規定の仕方が異なっていますので注意しましょう。

（使用施設等の基準適合義務）
第13条　許可使用者は，その使用施設，貯蔵施設および廃棄施設の位置，構造および設備を第6条第1号から第3号までの技術上の基準に適合するように維持しなければならない。
2　届出使用者は，その貯蔵施設の位置，構造および設備を原子力規制委員会規則で定める技術上の基準に適合するように維持しなければならない。
3　許可廃棄業者は，その廃棄物詰替施設，廃棄物貯蔵施設および廃棄施設の位置，構造および設備を第七条第一号から第三号までの技術上の基準に適合するように維持しなければならない。

問9 解答　3　解説　A　該当します。「変更の許可」というのですから，「変更の予定時期」がなければなりませんね。
B　放射線障害防止規程の変更の内容を記載した書面は規定されていません。
C　「使用の場所」や「廃棄施設」などは，許可申請の際には必要ながら，変更時の必要事項にはなっておりません。
D　該当します。工事を伴うときは，その予定工事期間およびその工事期間中放射線障害の防止に関し講ずる措置を記載した書面が必要です。

法令

問10 解答 1 **解説** 法第12条（許可証の再交付）と則第14条（許可証の再交付）を掲載します。それぞれ確認しておきましょう。

> 法第12条　許可使用者および許可廃棄業者は，許可証を汚し，損じ，または失ったときは，原子力規制委員会規則で定めるところにより，原子力規制委員会に申請し，その再交付を受けることができる。

> 則第14条　法第12条の規定により許可証の再交付を受けようとする者は，別記様式第13の許可証再交付申請書を原子力規制委員会に提出しなければならない。
> 2　許可証を汚し，または損じた者が前項の申請書を提出する場合には，その許可証をこれに添えなければならない。
> 3　許可証を失った者で許可証の再交付を受けたものは，失った許可証を発見したときは，速やかに，これを原子力規制委員会に返納しなければならない。

1　許可証を失った者で許可証の再交付を受けた者が，失った許可証を発見したときは，速やかに，これを原子力規制委員会に返納しなければならないという規定が則第14条第3項にあります。
2　許可証を損じた場合には，損じたものの写しではなく，損じたものそのものを提出する必要があります（則第14条第2項）。
3～5　許可証を失った場合や損じた場合，汚した場合でも，届け出る義務はなく，当然期限もありません。

問11 解答 5 **解説** 法第12条の6（認証機器の表示等）からの出題です。その条文を掲げますが，条文を覚えていなくても，文章の前後の脈絡から判断できる問題です。Aの直後のかっこの中に「当該設計認証または特定設計認証の番号」とありますので，迷うことなく「認証番号」が選べます。B,C,Dの順序は，Dが時間の流れの最後であると考えて，廃棄を選ぶとよいでしょう。その判断で選択肢5が選べます。

> 第12条の6　表示付認証機器または表示付特定認証機器を販売し，または賃貸しようとする者は，原子力規制委員会規則で定めるところにより，当該表示付認証機器または表示付特定認証機器に，認証番号（当該設計認証または特定設計認証の番号をいう。），当該設計認証または特定設計認証に係る使用，保管および運搬に関する条件（以下「認証条件」という。），これを廃棄しようとする場合にあっては第19条第5項に規定する者にその廃棄を委託しなければならな

い旨その他原子力規制委員会規則で定める事項を記載した文書を添付しなければならない。

問12 解答 5 解説 法第13条（使用施設等の基準適合義務）第2項からの出題です。第1項および第3項も含め，同条をまとめて掲載します。

第13条　許可使用者は，その使用施設，貯蔵施設および廃棄施設の位置，構造および設備を第6条第1号から第3号までの技術上の基準に適合するように維持しなければならない。
2　届出使用者は，その貯蔵施設の位置，構造および設備を原子力規制委員会規則で定める技術上の基準に適合するように維持しなければならない。
3　許可廃棄業者は，その廃棄物詰替施設，廃棄物貯蔵施設および廃棄施設の位置，構造および設備を第7条第1号から第3号までの技術上の基準に適合するように維持しなければならない。

Aは，5つともすべて異なるものとなっています。貯蔵施設だけの技術上の基準がうたわれるのは，届出使用者だけになります。

問13 解答 5 解説 法第13条の2（使用の届出）に関する出題です。

第3条の2　前条第1項の放射性同位元素以外の放射性同位元素の使用をしようとする者は，政令で定めるところにより，あらかじめ，次の事項を原子力規制委員会に届け出なければならない。ただし，表示付認証機器の使用をする者（当該表示付認証機器に係る認証条件に従った使用，保管および運搬をするものに限る。）および表示付特定認証機器の使用をする者については，この限りでない。
一　氏名または名称および住所並びに法人にあっては，その代表者の氏名
二　放射性同位元素の種類，密封の有無および数量
三　使用の目的および方法
四　使用の場所
五　貯蔵施設の位置，構造，設備および貯蔵能力
2　前項本文の届出をした者（以下「届出使用者」という。）は，同項第2号から第5号までに掲げる事項を変更しようとするときは，原子力規制委員会規則で定めるところにより，あらかじめ，その旨を原子力規制委員会に届け出なければならない。

3 届出使用者は，第1項第1号に掲げる事項を変更したときは，原子力規制委員会規則で定めるところにより，変更の日から30日以内に，その旨を原子力規制委員会に届け出なければならない。

A これは該当しません。氏名または名称および住所並びに法人にあっては，その代表者の氏名のような事務的な変更は，「あらかじめ」届け出る必要はなく，30日以内の届出で構いません（法第3条の2第3項）。
B 使用の目的および方法は，法第3条の2第2項および法第3条の2第1項第3号にあります。
C 貯蔵施設の位置，構造，設備および貯蔵能力は，法第3条の2第2項および法第3条の2第1項第5号にあります。
D 使用の場所は，法第3条の2第2項および法第3条の2第1項第4号にあります。

問14 解答 5 **解説** 法第15条（使用の基準）第1項に係る則第15条（使用の基準）第1項から出題されています。則の条文の関係部分を抜粋します。内容的にはほぼ常識的な規定と思われます。

則第15条（使用の基準）第1項
（第1号の1 略）
一の二 密封されていない放射性同位元素の使用は，作業室において行うこと。
二 密封された放射性同位元素の使用をする場合には，その放射性同位元素を常に次に適合する状態において使用をすること。
イ 正常な使用状態においては，開封または破壊されるおそれのないこと。
ロ 密封された放射性同位元素が漏えい，浸透等により散逸して汚染するおそれのないこと。
（第3～11号 略）
十二 管理区域には，人がみだりに立ち入らないような措置を講じ，放射線業務従事者以外の者が立ち入るときは，放射線業務従事者の指示に従わせること。
（第13号 略）
十四 密封された放射性同位元素を移動させて使用をする場合には，使用後直ちに，その放射性同位元素について紛失，漏えい等異常の有無を放射線測定器により点検し，異常が判明したときは，探査その他放射線障害を防止するために必要な措置を講ずること。

問15 解答 1 **解説** 法第16条（保管の基準等）第１項に係る則第17条（保管の基準）第１項からの出題です。則第17条第１項の関係するところを示します。

> 則第17条　許可届出使用者に係る法第16条第１項の原子力規制委員会規則で定める技術上の基準については，次に定めるところによるほか，第15条第１項第３号の規定を準用する。この場合において，同号ロ中「放射線発生装置」とあるのは「放射化物」と読み替えるものとする。
> （第１号　略）
> 二　貯蔵施設には，その貯蔵能力を超えて放射性同位元素を貯蔵しないこと。
> （第３～４号　略）
> 五　貯蔵施設のうち放射性同位元素を経口摂取するおそれのある場所での飲食および喫煙を禁止すること。
> （第６～７号　略）
> 八　貯蔵施設の目につきやすい場所に，放射線障害の防止に必要な注意事項を掲示すること。

A　則第17条第１項第２号の規定です。
B　則第17条第１項第８号の規定です。
C　則第17条第１項第５号の規定です。
D　このような規定はありません。

問16 解答 4 **解説** 法第18条（運搬に関する確認等）第１項に係る則第18条の２（車両運搬により運搬する物に係る技術上の基準），則第18条の４（L型輸送物に係る技術上の基準），則第18条の５（A型輸送物に係る技術上の基準）からの出題です。

L型輸送物は，危険性が極めて少ない放射性同位元素等として原子力規制委員会の定めるものと定義されています。

A　記述は誤りです。外接する直方体の各辺が10cm以上であることというのはA型輸送物等に適用される規定です。L型輸送物にはそのような規定はありません。
B　記述のとおりです。表面に不要な突起物がなく，かつ，表面の汚染の除去が容易であることという規定が，則第18条の４第３号にあります。
C　記述は誤りです。これもA型輸送物等に適用される規定です。
D　記述のとおりです。則第18条の４第２号の規定です。

問17 解答 2 解説 法第20条（測定）第1項に係る則第20条（測定）第1項に関わる出題です。則第20条第1項によれば，放射線の量の測定を行うべき場所として規定されているのは，次のイ～チの場所です。

- イ 使用施設
- ロ 廃棄物詰替施設
- ハ 貯蔵施設
- ニ 廃棄物貯蔵施設
- ホ 廃棄施設
- ヘ 管理区域の境界
- ト 事業所等内において人が居住する区域
- チ 事業所等の境界

したがって，A（ヘ：管理区域の境界）およびC（チ：事業所等の境界）が対象となります。BおよびDについては規定がありません。

問18 解答 1 解説 法第21条（放射線障害予防規程）に係る則第21条（放射線障害予防規程）に関する出題です。予防規程についてはほぼ毎回出題されています。
A 則第21条第1項第10号に「危険時の措置に関すること」と規定されています。
B 則第21条第1項第11号に「放射線管理の状況の報告に関すること」と規定されています。
C 則第21条第1項第6号に「健康診断に関すること」と規定されています。
D 放射線取扱主任者の職位および職責に関することは，規定項目にありません。

問19 解答 3 解説 法第21条（放射線障害予防規程）第1項および法第34条（放射線取扱主任者）第1項に関する出題となっています。放射線障害予防規程の届け出義務と放射線取扱主任者の選任義務について，どの事業者にとって何が必要なのか，整理して押さえておきましょう。
A 表示付認証機器のみを使用する表示付認証機器届出使用者には，放射線障害予防規程の届け出義務も，放射線取扱主任者の選任義務もありません。
B 許可使用者は，放射線障害予防規程の届け出義務と放射線取扱主任者の選任義務があります。
C 届出賃貸業者（表示付認証機器等のみを賃貸する者を除く。）にも，放射

線障害予防規程の届け出義務と放射線取扱主任者の選任義務があります。
D　表示付認証機器等のみを販売する届出販売業者は，放射線障害予防規程の届け出義務はありませんが，放射線取扱主任者の選任義務はあります。

問20 解答　2　解説 法第22条（教育訓練）に係る則第21条の2（教育訓練）に関連する出題です。教育訓練についても，ほぼ毎回出題されています。
A　記述のとおりです。放射線業務従事者に対する教育および訓練は，初めて管理区域に立ち入る前および管理区域に立ち入った後にあっては1年を超えない期間ごとに行わなければならないとされています（則第21条の2第1項第2号）。
B　記述のとおりです。取扱等業務に従事する者であって，管理区域に立ち入らないものに対しては，取扱等業務を開始する前に行う教育および訓練は，項目ごとに時間数が定められています（則第21条の2第1項第4号および第3項，平成3年科学技術庁告示第10号）。
C　記述は誤りです。取扱等業務に従事する者であって，管理区域に立ち入らないものに対しては，取扱等業務を開始した後1年を超えない期間ごとに行う教育および訓練は，時間数は定められていませんが，項目は定められています（則第21条の2第1項第4号）。
D　記述のとおりです。見学のために管理区域に一時的に立ち入る者に対する教育および訓練は，当該者が立ち入る放射線施設において放射線障害が発生することを防止するために必要な事項について施すこととされています（則第21条の2第1項第5号）。

問21 解答　1　解説 法第23条（健康診断）に係る則第22条（健康診断）に関する出題です。
A（皮膚），B（眼）およびC（末しょう血液中の血色素量またはヘマトクリット値，赤血球数，白血球数および白血球百分率）の各項目は医師が必要と認める場合に限り行われますが，D（放射線の被ばく歴の有無の問診）は，すべての者に対して実施しなければなりません。

問22 解答　5　解説 則第23条（放射線障害を受けた者または受けたおそれのある者に対する措置）第1項第1号および第2号からの出題です。これらの条文そのものとなっています。当然ながら条文に用いられている語句が正解となるのですが，文章から判断していきましょう。
　Aでは「放射線施設への立入り」とは言いません。「管理区域への立入り」

です。Bでは「取扱いの禁止」ではなく「立入りの禁止」になります。
　しかし，Cでは「おそれのない」では業務が制限されてしまうでしょうから，「おそれの少ない」とややマイルドな規定になっていると考えられます。Dでは，「健康診断」よりも「保健指導」のほうが，より「適切な措置」であるはずでしょう。

問23　解答　2　解説 法第25条（記帳義務）第1項に係る則第24条（記帳）第1項第1号イ～レに関する問題です。細かいことが問われています。確認しておきましょう。
A　実施年月日は当然のことながら，定められています（則第24条第1項第1号ヨ）。
B　実施の方法については規定がありません。
C　点検を行った者の氏名は，記帳すべく定められています（則第24条第1項第1号ヨ）。
D　使用機器の名称については規定がありません。

問24　解答　2　解説 法第27条（使用の廃止等の届出）に係る則25条（使用の廃止等の届出）および法第28条（許可の取消し，使用の廃止等に伴う措置）に係る則26条（許可の取消し，使用の廃止等に伴う措置）に関する問題です。
A　正しい手続きです。放射性同位元素のみを使用する許可使用者が，その許可に係る放射性同位元素のすべての使用を廃止したため，遅滞なく，その旨を原子力規制委員会に届け出たということは，則第25条第1項に合致しています。
B　正しい手続きです。届出使用者が，その届出に係る放射性同位元素のすべての使用を廃止したため，選任されていた放射線取扱主任者に廃止措置の監督をさせたというのは，則第26条第1項第8号に合致しています。
C　届出使用者が，その届出に係る放射性同位元素のすべての使用を廃止したため，放射線業務従事者の受けた放射線の量の測定結果の記録を引き渡すのは，「原子力規制委員会に」ではなく「原子力規制委員会の指定する機関に」となっています（則第26条第1項第9号）。
D　表示付認証機器届出使用者が，その届出に係る表示付認証機器のすべての使用を廃止したため，遅滞なく，その旨を原子力規制委員会に届け出たという手続きは正しい手続きです（法第27条第1項）。

問25　解答　5　解説 法第32条（事故届）の条文がそのまま出題されていま

す。ここでいう「事故」とは，破損や汚染などではなく，盗取や所在不明のようなより深刻なものをいいます。そのような重大かつ緊急性の高いものは，警察官や海上保安官に知らせなければなりません。海上保安官は，「海の警察」という立場にあたります。

問26 解答 5 解説 法第30条（所持の制限）に関する問題です。
A 記述のとおりです。届出使用者は，その届け出た種類の放射性同位元素をその届け出た貯蔵施設の貯蔵能力の範囲内で所持することができます（法第30条第1項第2号）。
B 記述のとおりです。届出使用者から放射性同位元素の運搬を委託された者の従業者は，その職務上放射性同位元素を所持することができます（法第30条第1項第12号）。
C 記述のとおりです。届出販売業者から放射性同位元素の運搬を委託された者は，その委託を受けた放射性同位元素を所持することができます（法第30条第1項第11号）。
D 記述のとおりです。届出賃貸業者は，その届け出た種類の放射性同位元素を運搬のために所持することができます（法第30条第1項第3号）。

問27 解答 4 解説 法第34条（放射線取扱主任者）に係る則第30条（放射線取扱主任者の選任）および法第37条（放射線取扱主任者の代理者）に係る則第33条（放射線取扱主任者の代理者の選任等）からの出題です。
A この手続きは誤っています。放射線取扱主任者の代理者を選任して届出を行った場合，放射線取扱主任者が復帰して代理をする必要がなくなった時点で放射線取扱主任者の代理者解任届を原子力規制委員会に出さなければなりません（法第37条第3項）。
B この手続きは正しい手続きです。放射線取扱主任者が職務を行うことのできない期間が30日未満の場合，代理者の選任は必要ですが，期間が短いために，その選任届を提出することまでは不要です（法第37条第3項，則第33条第4項）。
C この手続きは誤っています。転勤の日の20日前に放射線取扱主任者の選任および解任を行ったが，原子力規制委員会への放射線取扱主任者選任解任届の提出は転勤の日の14日後に行ったということは，選任した日から34日かかっていますので，「選任の日から30日以内」という期限を過ぎています（法第37条第3項）。
D この手続きは適法です。放射線取扱主任者を選任した日から30日以内に届

を出していますので，適法です（法第34条第2項，則第30条第2項）。

問 28 解答 5 解説 法第34条（放射線取扱主任者）に係る問題です。
A この場合は選任できません。10TBq以上の密封された放射性同位元素を使用する場合は，特定許可使用者になり，そこで放射線取扱主任者として選任できるのは，（例外としての診療目的等の場合を除き）第1種放射線取扱主任者免状を有する者でなければなりません（法第34条第1項第1号）。
B この場合は選任できます。下限数量の1000倍以下の密封された放射性同位元素のみを使用する届出使用者の場合には，第1種，第2種および第3種の放射線取扱主任者免状を有する者を放射線取扱主任者として選任できます（法第34条第1項第3号）。
CおよびD 届出賃貸業者および届出販売業者は，その扱う放射性同位元素が密封であるかないかによらず，またその数量にもよらず，第1種，第2種および第3種の放射線取扱主任者免状を有する者を放射線取扱主任者として選任できます（法第34条第1項第3号）。

問 29 解答 3 解説 法第36条の2（定期講習）に係る則第32条（定期講習）からの，期間に関する出題です。確実に押さえておきましょう。

問 30 解答 3 解説 法第42条（報告徴収）第1項に係る則第39条（報告の徴収）からの出題です。
A 記述は誤りです。表示付認証機器届出使用者は，放射性同位元素の盗取または所在不明が生じたときは，「その旨を直ちに」報告することは正しいのですが，「その状況およびそれに対する処置を30日以内に」報告することは誤りです。「その状況およびそれに対する処置は10日以内に」原子力規制委員会に報告しなければなりません（則第39条第1項第1号）。
B 記述のとおりです。許可使用者は，放射性同位元素の使用における計画外の被ばくがあったとき，当該被ばくに係る実効線量が，放射線業務従事者にあっては5ミリシーベルトを超え，または超えるおそれのあるときは，その旨を直ちに，その状況およびそれに対する処置を10日以内に原子力規制委員会に報告しなければなりません（則第39条第1項第7号）。
C 記述のとおりです。許可使用者は，放射線業務従事者について実効線量限度もしくは等価線量限度を超え，または超えるおそれのある被ばくがあったときは，その旨を直ちに，その状況およびそれに対する処置を10日以内に原子力規制委員会に報告しなければなりません（則第39条第1項第8号）。

D　記述は誤りです。表示付認証機器使用者には，放射線管理状況報告書の報告義務がありません。「表示付認証機器」は規制がやや緩(ゆる)いのです（則第39条第3項）。

第2回 解答解説

管理技術 I

問1 解答

I　A－4（フリーラジカル）　　B－7（化学的）　　C－6（希釈）
　　D－1（SH）　　　　　　　E－6（直接）　　　F－5（間接）
　　G－10（低）

II　H－3（ピリミジン）　　　I－6（シトシン）　　J－1（プリン）
　　K－4（アデニン）　　　　L－8（グアニン）　　M－5（塩基損傷）
　　N－8（フリーラジカル）　O－1（鎖切断）　　　P－2（架橋形成）

III　Q－4（塩基除去修復）　　　R－6（ヌクレオチド除去修復）
　　S－8（相同組換え）　　　　T－11（非相同末端結合）

問1 解説

I　直接作用とは放射線が標的分子に直接作用して，損傷を与える作用であって，間接作用とは水の放射線分解により発生したフリーラジカルを介した標的分子への作用です。間接作用を反映する現象として，化学的防護効果，酸素効果，希釈効果などが知られています。

　フリーラジカルは，SH基を持つシスティンなどと反応してその活性は低下し，細胞は放射線の作用を受けにくくなりますが，この現象が化学的防護効果です。高い酸素分圧下で照射したときの方が，低い酸素分圧下で照射したときより細胞の放射線感受性が高くなりますが，この現象が酸素効果です。酸素溶液に一定の線量を照射した場合，その機能の失活率は，直接作用では濃度によらず一定ですが，間接作用では酸素の濃度を高くすると低くなります。この現象を希釈効果といいます。

II　DNA（デオキシリボ核酸）は，塩基（アデニン，チミン，グアニン，シトシンの4種）と糖（デオキシリボース），そして，リン酸とが一分子ずつ結合してヌクレオチドを作り，このヌクレオチドが非常に多くつながった鎖（ヌクレオチド鎖）がらせん状に2本並んだ巨大分子です。ワトソンとクリックが提起した**二重らせん**として有名です。向かい合う塩基どうしが水素結合ではしごのようにつながっています。その水素結合はA（アデニン）－T（チミン）の間およびG（グアニン）－C（シトシン）の間に限られています。

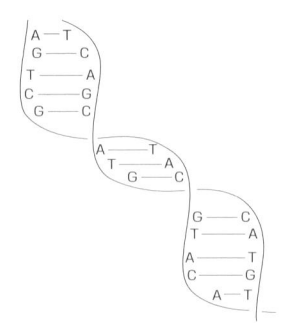

図　DNAの二重らせん

　塩基損傷は主に放射線によって生じたフリーラジカルが塩基に結合して生じる損傷です。鎖切断は，主に糖鎖の損傷により発生します。架橋形成はDNAの両鎖の間で起こる場合と片方の鎖内で起こる場合があって，塩基間あるいは塩基とタンパク質間の共有結合により生じます。

Ⅲ　DNA1本鎖の損傷に対しては，単一の塩基の損傷を修復する塩基除去修復，ヌクレオチド除去修復などが知られています。
●塩基除去修復：損傷部位の塩基のみを切り出して修復すること
●ヌクレオチド除去修復：損傷部位を含む広い範囲のDNA鎖を切り出して修復することで，数十塩基に影響が及ぶ比較的大規模な損傷を修復すること
　ヌクレオチド除去修復機能の欠失は色素性乾皮症の原因となります。DNA2本鎖切断の修復では，同一の塩基配列をもつ鋳型鎖を利用する相同組換え経路と利用しない非相同末端結合経路があることが知られています。

問2　解答

Ⅰ　A－12（光電効果）　　B－7（コンプトン効果）
　　C－9（電子対生成）　　D－4（励起）　　E－3（消滅放射線）
　　F－5（静止質量）
　　ア－1（511）
Ⅱ　G－6（飛跡）　　H－8（離散的）　　I－9（速度）
　　J－4（線エネルギー付与（LET））
　　イ－2（数十eV）
Ⅲ　K－13（直接）　　L－3（間接）　　M－14（ラジカル）
　　N－7（クラスター）

問2 解説

Ⅰ 光子放射線であるX線やγ線は，物質中で光電効果，コンプトン効果，電子対生成を起こします。光子放射線のエネルギーの低いほうから光電効果，コンプトン効果，電子対生成の順に起きやすくなっています。

　光電効果と電子対生成の場合には光子は消滅しますが，コンプトン効果の場合には反跳電子にエネルギーを与えた分だけ，光子自身のエネルギーは減少しますが消滅にはなりません。電子対生成によって生成する陽電子も含めて，これらの相互作用によって物質中に多くの二次電子が生成します。これらの二次電子は物質を構成する原子・分子を電離したり，励起したりすることによって運動エネルギーを失っていきます。電子対生成によって生成した陽電子は，運動エネルギーを失った後に物質中の電子と結びついて，（物質としては消滅して光子となり）正反対の方向に2本の511keVの消滅放射線を放出します。このエネルギーは電子の静止質量と等価です。

Ⅱ 光子放射線のエネルギーは，そのほとんどが生成する二次電子によって物質に与えられます。二次電子のような荷電粒子のエネルギー付与現象は飛跡に沿って離散的に起き，1回のイベント当たりに粒子から物質に与えられるエネルギーの平均値は数十eVです。このオーダーは頭に入れておきましょう。

　粒子によるエネルギー付与イベントが起きてからその次のエネルギー付与イベントが起きるまでの距離の平均値は粒子の質量，電荷と速度に依存して変化します。このように荷電粒子が飛跡に沿って物質に与えるエネルギーを，飛跡の単位長さ当たりで平均をとると，線エネルギー付与（LET）と呼ばれる重要な量となります。

Ⅲ 細胞に高速の荷電粒子が入射すると，飛跡に沿ってエネルギー付与イベントが起き，それにより細胞構成分子が変化し，損傷となります。エネルギー付与イベントによってエネルギーを受け取った分子に生成した損傷による生物作用を直接作用と呼ぶのに対して，エネルギーを受け取った分子が反応性の高い分子種に変わり，それが他の生体構成分子と反応して生成する損傷による生物作用を間接作用と呼びます。エネルギー付与が起きる際の分子選択性は少ないので，その結果，細胞に最も多く含まれる分子である水分子に放射線の大部分のエネルギーが吸収され，多くのラジカルが生成します。間接作用のほとんどはラジカルラジカルの作用として説明できます。細胞内でのラジカルの拡散距離は短いので，生物作用の原因となる損傷の空間分布は，エネルギー付与現象が起きた空間配置，言い換えると荷電粒子の飛跡の構造と関わりがあります。

細胞にとって重要な分子であるDNAに生成する損傷の分布はランダムではありません。複数の損傷が近接成した場合には修復されにくいクラスター損傷が生成し，放射線による生物作用誘発に重要な役割を果たしています。クラスターとは，もともと「房」の意味ですが，数個から数十個の集まりを意味する言葉に転じています。

問3 解答
I　A－13（115）　　B－8（5.8）　　C－3（0.78）
　　D－5（1.0）
II　E－7（1.9）　　F－1（超える）　G－1（7）
　　H－4（30）　　I－2（β^-）　　J－5（0.66）
　　K－3（^{137}Ba）　L－5（12）
III　M－1（蛍光ガラス線量計）
　　N－5（熱ルミネセンス線量計（TLD））　　O－2（OSL線量計）
　　P－10（電子）　Q－11（蛍光）

問3 解説
I　問題の状態を図にすると，次のようになります。

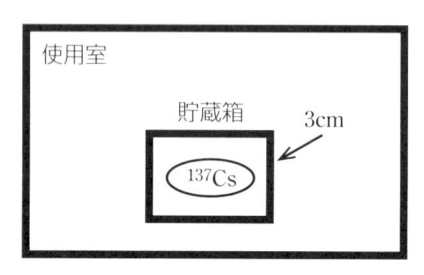

A～C：実効線量率定数を Γ_E [μSv·m²·MBq^{-1}·h^{-1}]，線源強度を Q [MBq]，線源からの距離を r [m] とすると，距離 r における実効線量率 D は次のように表されます。

$$D = \Gamma_E \cdot Q / r^2$$

本問において，$Q = 370$ MBq，使用時には，$r = 0.5$ m で，$\Gamma_E = 7.8 \times 10^{-2}$ μSv·m²·MBq^{-1}·h^{-1} ということですから，

$$D = 7.8 \times 10^{-2} \times 370 / 0.5^2 = 115.44 ≒ 115 \,\mu\text{Sv·h}^{-1}$$

貯蔵時には，貯蔵箱の鉛（3 cm厚）を通して放射線が出てきますので，実効線量透過率を掛けることになります。ここでは四捨五入された 115μSv·h^{-1} ではなく，四捨五入前の 115.44μSv·h^{-1} を用いるのが正しい数字の扱い方です。ここでは結果に影響はありませんが，正式な計算は，四捨五入は可能な限

りそれぞれの最後の1回だけにする，という姿勢が大切です。ただし，試験の際は選択肢が与えられていて，そのような誤差を問題としないことが多いので，そこまで気にすることはありませんが。

$$115.44 \times 5.0 \times 10^{-2} = 5.772 ≒ 5.8 \mu Sv \cdot h^{-1}$$

（試験の際は）$115 \times 5.0 \times 10^{-2} = 5.75 ≒ 5.8 \mu Sv \cdot h^{-1}$

作業者の1週間当たりの被ばく実効線量は，使用時間5時間と貯蔵時間35時間の積算ですから（以下，試験の場を想定して計算します），

$$115 \times 5 + 5.8 \times 35 = 778 \mu Sv = 0.778 mSv ≒ 0.78 mSv$$

使用施設において，人が常時立ち入る場所での線量限度は，実効線量として1週間に1mSvでしたね。この計算によると，法定限度に入っていることになります。

Ⅱ　Ⅰの結果から，使用時は$115 \mu Sv \cdot h^{-1}$，貯蔵時は$5.8 \mu Sv \cdot h^{-1}$でしたから，

$$115 \times 15 + 5.8 \times (40-15) = 1870 \mu Sv = 1.87 mSv ≒ 1.9 mSv$$

この結果は，1週間に1mSvという法定限度を超えることになります。そこで，線源の最大使用時間をt時間として限度以内になる時間を求めると，

$$115 \times t + 5.8 \times (40-t) < 1000$$
$$115t + 232 - 5.8t < 1000 \qquad \therefore \quad t < 7.03$$

これにより，最大7時間まで延長することが可能です。

H～K：^{137}Csの壊変図式（壊変図，崩壊図式）は次のようになっています。

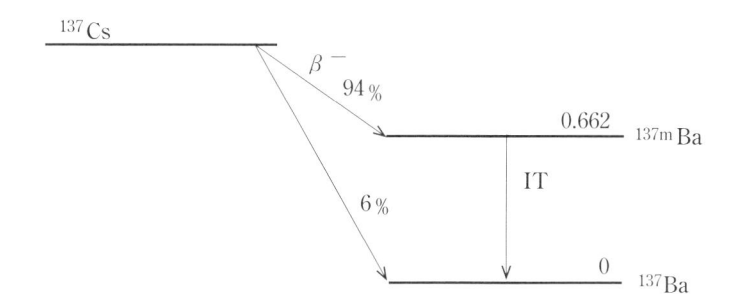

すなわち，^{137}Csは半減期30.04年で94%がβ^-壊変をして^{137m}Baとなり，その^{137m}Baは半減期2.552分であって，^{137}Csと永続平衡の関係を形成します。そのため，^{137}Csは本来β^-放出体（0.514MeV）なのですが，娘核種^{137m}Baが放出するγ線（0.662MeV）を（間接的に）出しますので，^{137}Csは通常γ線源として扱われます。

L：半減期をT，交換する3／4に減衰する時間をtとすると，次式が成り立

ちます。

$$3/4 = (1/2)^{t/T}$$

両辺の自然対数をとって，

$$\ln 3 - \ln 4 = (t/T) \ln(1/2)$$
$$\ln 3 - 2\ln 2 = -(t/T) \ln 2$$

この式で，$\ln 2 = 0.69$，$\ln 3 = 1.1$，$T = 30.04$ を代入して整理すると，

$$t = 12.17 \fallingdotseq 12 \text{ 年}$$

この計算で対数に関する次の関係を用いています。

$$\ln XY = \ln X + \ln Y, \quad \ln(X/Y) = \ln X - \ln Y, \quad \ln X^n = n \ln X$$

Ⅲ γ（X）線用として一般的に使用されている線量計としては，銀活性リン酸塩ガラスを検出素子とする蛍光ガラス線量計，$CaSO_4$（Tm）や $Li_2B_4O_7$（Cu）などを検出素子とする熱ルミネセンス線量計，酸化アルミニウムを検出素子とする OSL 線量計などがあります。

OSL 線量計（光刺激ルミネッセンス線量計，光蛍光線量計）は，検出素子が放射線を受けると一部の原子が格子欠陥に捕捉されて準安定状態となり，この状態で光刺激を受けると蛍光を発する現象を利用しています。この線量計の感度は非常に高く，エネルギー特性が良好で，光学的アニーリング（強い光による照射）を行うことで繰り返し測定ができます。フェーディング（潜像退行）も小さく，温湿度の影響も受けにくいという特徴があります。OSL は Optically Stimulated Luminescence の頭文字です。

問4 解答

Ⅰ　A－2（^{137m}Ba）　　　B－4（光電効果）　　　C－7（I）
　　D－11（入射γ線の）　　E－5（コンプトン効果）　F－1（反跳電子）
　　G－3（後方散乱）　　　H－4（Ba）　　　　　　I－9（内部転換）
　　J－2（大きくなる）
Ⅱ　K－3（数百〜千数百）　　L－8（高い側にシフトする）
　　M－2（半値幅）　　　　N－5（6〜9％）　　　　O－8（0.7）
Ⅲ　P－11（5.2）　　　　　Q－4（0.098）　　　　R－8（1.4）
　　S－2（0.043）　　　　T－1（(ア＋イ)）

問4 解説

Ⅰ　図のアのパルス波高範囲の計数値は，主として，核種 ^{137m}Ba から放出されるγ線（662keV）の，NaI（Tl）結晶における光電効果によるものです。この相互作用に最も寄与している元素はⅠで，①のパルス波高値は，入射γ線の

エネルギーに相当しています。原子番号の大きい元素ほど光電効果を起こしやすくなっています。原子番号は，Naが11，Iが53です。

　図のイのパルス波高範囲の計数値は，主として，NaI（Tl）結晶におけるγ線のコンプトン効果によるものです。②のパルス波高値は，反跳電子の最大エネルギーを反映しています。

　③のピークは後方散乱ピークと呼ばれます。また，④のピークはBaのKX線によるもので，このKX線の放出には，内部転換（原子核からのγ線が軌道電子にエネルギーを与えてこれを原子外にたたき出します）という現象が関係しています。その際に，一番内部のK殻電子がたたき出されやすく，この結果空になったK殻に他の殻から電子が遷移する際に発生するX線がKX線です。

　NaI（Tl）結晶の体積がこれよりも大きい検出器では，アのパルス波高範囲の総計数値のイのパルス波高範囲の総計数値に対する比は大きくなります。検出器の体積が大きくなると，最初にコンプトン効果により散乱されたγ線も，検出器で捕えられやすくなりますので，アの全吸収ピークが増えることになります。

Ⅱ　K：光電子増倍管は，10段程度のダイノード電極（陽陰極間の中間にある電極）を有する真空管です。電極間で電子を加速させダイノード電極に衝突させて増幅する機構で，光電陰極と陽極の間には，数百から二千ボルト程度までの高電圧が必要となります。

　光電子増倍管（PMT）を用いたNaI（Tl）シンチレーション検出器では，一般的に数百〜千数百ボルトの印加電圧を，図のパルス波高スペクトルが得られたときよりも5％高く設定したとき，アの部分の頂点のパルス波高値は高い側にシフトします。

　NaI（Tl）シンチレーション検出器のエネルギー分解能は，ピークの頂点のパルス波高値に対する，ピークの半値幅の相対値［％］で表されます。^{137}Cs線源のγ線に対するエネルギー分解能は，一般的に6〜9％です。検出器の分解能は種々の要因に影響されますが，そのうちで，PMTの光電陰極で発生する光電子数の統計的変動は重要な要因です。分解能がこの要因のみによって決まると仮定すると，^{60}Co線源から放出される1.33MeVのγ線に対するエネルギー分解能［％］は，^{137}Cs線源のγ線に対するエネルギー分解能のおおよそ0.7倍になると推定されます。これは次のように考えます。

　光電陰極において発生する光電子の数をnとすると，その標準偏差は$\sqrt{n}$に

なるとされています．すると相対値は，$\dfrac{\sqrt{n}}{n} = \dfrac{1}{\sqrt{n}}$ となり，本問における仮定により，この値がそのままエネルギー分解能になると考えられます．n は γ 線のエネルギーに比例しますので，^{60}Co（1.33MeV-γ 線）のエネルギー分解能を R_{Co} [%]，^{137}Cs 線源からの γ 線（0.662MeV）のそれを R_{Cs} [%] で表すと，これらの比は次のように求められます．

$$\dfrac{R_{\text{Co}}}{R_{\text{Cs}}} = \dfrac{\dfrac{1}{\sqrt{n_{\text{Co}}}}}{\dfrac{1}{\sqrt{n_{\text{Cs}}}}} = \dfrac{\dfrac{1}{\sqrt{1.33}}}{\dfrac{1}{\sqrt{0.662}}} = \sqrt{\dfrac{0.662}{1.33}} = \sqrt{0.50} = 0.71$$

Ⅲ　P：正味の計数率は，試料の計数率からバックグラウンドの計数率を引いたものですので，

$$9{,}200/1{,}000 - 40{,}000/10{,}000 = 9.2 - 4.0 = 5.2\,\text{cps}$$

Q：試料のカウント数を n_{S}，バックグラウンドのカウント数を n_{B} とすると，$\sqrt{n_{\text{S}}}$ および $\sqrt{n_{\text{B}}}$ が，それぞれ 1,000s および 10,000s における標準偏差になりますので，これらの2乗和の平方根が総合された標準偏差になります．したがって，求める標準偏差は，

$$\sqrt{\left(\dfrac{\sqrt{n_{\text{S}}}}{1{,}000}\right)^2 + \left(\dfrac{\sqrt{n_{\text{B}}}}{10{,}000}\right)^2} = \sqrt{\dfrac{n_{\text{S}}}{1{,}000^2} + \dfrac{n_{\text{B}}}{10{,}000^2}} = \sqrt{\dfrac{9{,}200}{1{,}000^2} + \dfrac{40{,}000}{10{,}000^2}}$$

$$= \sqrt{\dfrac{92}{10^4} + \dfrac{4}{10^4}} = \dfrac{1}{10^2}\sqrt{96} = 0.098\,\text{cps}$$

R, S：これらも同様に，

$$1{,}800/1{,}000 - 4{,}000/10{,}000 = 1.8 - 0.4 = 1.4\,\text{cps}$$

$$\sqrt{\dfrac{1{,}800}{1{,}000^2} + \dfrac{4{,}000}{10{,}000^2}} = \sqrt{\dfrac{18}{10^4} + \dfrac{0.4}{10^4}} = \dfrac{1}{10^2}\sqrt{18.4} = 0.043\,\text{cps}$$

T：相対標準偏差は，（ア＋イ）において，$0.098/5.2 = 0.019$，アのみにおいては，$0.043/1.4 = 0.031$ となって，（ア＋イ）のほうが小さいものとなっています．

問5 解答

Ⅰ　A－5（電離）　　　　B－1（励起）　　　　C－8（大きい）
　　D－11（電流）　　　E－3（電離箱）　　　F－4（半導体検出器）
　　ア－4（qE/W）　　イ－7（34）
　　ウ－10（1桁程度小さい）

Ⅱ　G－2（長く）　　　　H－4（特性X線）　　I－7（オージェ電子）

J－9（相対性理論）　K－1（光電効果）　L－2（コンプトン散乱）
エ－2（170）　　　オ－4（341）　　　カ－3（4.9×10⁻¹²）
キ－2（1,022）　　ク－2（2）

問5 解説

Ⅰ　電磁波や荷電粒子線によって物質が照射された際に，軌道電子が原子核の束縛を離れて自由電子となる現象は電離といいます。これに対して，軌道電子が基底状態よりもエネルギー準位の高い軌道に遷移しますが，なお原子核に束縛されている現象は励起といいます。電子が束縛を離れてしまう電離に必要なエネルギーは，なお束縛されている励起に必要なエネルギーに比べて大きくなっています。

　気体に荷電粒子線を照射すると，飛跡に沿って多数のイオン対が生じます。このときイオン対が生じた空間に電場をかけると，イオンが陰極に，電子が陽極に向かってそれぞれ移動するため両電極間に電流が生じます。この電流を検出し定量することで放射線が計測されます。このような原理で動作する放射線検出器を電離箱といいます。同様に，電離によって生じた電荷を電場で収集することを原理とする放射線検出器であって，放射線のエネルギーを吸収する物質が固体であるものは半導体検出器となります。

　ここで，荷電粒子線のエネルギーを E [eV]，気体の W 値を W [eV]，生じるイオン1個当たりの電荷を q [C] とすると，1つの粒子の入射で気体中に生じる電荷の量（正負のうち片方）は，qE/W [C] で表されます。W 値の大きさは気体の種類によって異なりますが，多くの気体では25eVから45eVの範囲にあり，β 線に対する空気の W 値は約34eVです。一方，固体では1個の電子・正孔対を形成するのに必要なエネルギーは ε 値と呼ばれます。ε 値はおおむね気体の W 値と比べて1桁程度小さいものです。これは，上記の半導体検出器が，エネルギー分解能に優れた放射線検出器であることの理由の1つでもあります。

Ⅱ　コンプトン散乱では，入射した光子のエネルギーの一部が軌道電子に与えられ，反跳電子が放出されます。また，入射した光子は散乱されて進行方向が変わり，エネルギーは低下します。このとき，散乱された光子の波長は，入射した光子の波長に比べて長くなります。

　散乱された光子のエネルギーは散乱角度に依存し，散乱角度が180°のとき，すなわち入射方向へ散乱されるときに最小となります。入射光子のエネルギーが511keVなら，散乱光子のエネルギーの最小値は170keVであり，波高スペクトルの341keVに相当する位置付近にはコンプトンエッジが観測されま

す。また，この光子の波長は，散乱によって 4.9×10^{-12} m だけ長くなります。

　これらの結果は，次のように計算されます。すなわち，コンプトン散乱の式（hはプランクの定数，νは電磁波の振動数，m_0は電子の静止質量，θは散乱角）

$$h\nu' = \frac{h\nu}{1 + \frac{h\nu}{m_0 c^2}(1 - \cos\theta)}$$

において，$h\nu = 511\text{keV}$，$m_0 c^2 = 511\text{keV}$ ですから，$\theta = 180°$（$\cos 180° = -1$）の場合には，$h\nu'$ は $511/3 ≒ 170$ になります。

　また，コンプトンエッジに対応するのは，反跳電子の最大エネルギーですから，$511 - 170 = 341\text{keV}$ となります。

　さらに，光速を c（$= 3 \times 10^8$m/s）とすれば，$\nu = c/\lambda$（λは電磁波の波長）ですので，電磁波のエネルギー E は次のように表せます。

$$E = h\nu = hc/\lambda$$

これから，散乱前後の波長をそれぞれ求めて差をとると，
散乱前 $\lambda = 4.14 \times 10^{-18}\text{keV}\cdot\text{s} \times 3 \times 10^8$ (m/s) $/511\text{keV} = 2.43 \times 10^{-12}$ m
散乱後 $\lambda = 4.14 \times 10^{-18}\text{keV}\cdot\text{s} \times 3 \times 10^8$ (m/s) $/170\text{keV} = 7.31 \times 10^{-12}$ m
散乱後 λ － 散乱前 $\lambda = 7.31 \times 10^{-12}$ m $- 2.43 \times 10^{-12}$ m $= 4.88 \times 10^{-12}$ m

　光電効果では，入射した光子はエネルギーをすべて軌道電子に与えて消滅し，光電子が放出されます。また，光電子が放出された後に，入射光子とは異なるエネルギーの光子が発生することがあります。これは，放出された電子の軌道に生じた空席へ外側の軌道の電子が遷移した際に，その余剰エネルギーが光子として放出されたもので，特性X線と呼ばれます。また，特性X線の代わりに，オージェ電子が放出される場合もあります。

　電子対生成では，入射した光子のエネルギーはすべて電子と陽電子の生成および電子と陽電子の運動エネルギーに費やされ，光子は消滅します。電子対生成にはしきい値があり，光子のエネルギーが$1,022\text{keV}$よりも小さいときには起こりません。このしきい値は，電子2個分の静止質量のエネルギーに相当します。

　なお，いわゆる質量とエネルギーの等価性を，相対性理論から導いた科学者はアインシュタインであって，さらに，アインシュタインは光量子仮説によって光電効果を説明することにも成功し，この業績によってノーベル物理学賞を受賞しました。また，量子力学にのっとってコンプトン散乱の確率（微分断面積）を初めて計算した科学者の1人は仁科芳雄であり，その結果はクライン－仁科の式として知られています。

どう解けばよいかわからない問題に当たったときは，その分野の基本原理や基本公式を思い出してみると，きっと何か手がかりが得られますよ

管理技術 Ⅱ

問 1 解答 4 **解説** A 預託実効線量は，等価線量 [Sv] と実効線量 [Sv] などと同じで，単に Sv です。

B カーマは $J \cdot kg^{-1}$，すなわち Gy です。吸収線量の特別な場合の量（X 線，γ 線および中性子線などの非電荷粒子線における吸収線量）です。したがって，正しい組合せです。

C 1 cm 線量当量は単に Sv です。1 cm 線量当量率となれば，$Sv \cdot h^{-1}$ などの時間で割る単位となります。

D 吸収線量は Gy で正しい単位です。

問 2 解答 5 **解説** A 記述のとおりです。中性子が相対的に不足の（つまり陽子が過剰な）原子核では，β^+ 壊変の他に，陽子が軌道電子を捕獲し，自身は中性子に変化してニュートリノ（中性微子）を放出する壊変も起こることがあります。これを**電子捕獲壊変**（あるいは軌道電子捕獲壊変，EC 壊変，Electron Capture）と呼んでいます。この反応は次のように表されます。ν はニュートリノです。

$$p + e^- \rightarrow n + \nu$$

B 記述のとおりです。中性子が相対的に不足の原子核においては，**β^+ 壊変**が起きることが多いです。すなわち，陽子が中性子に変化し，その際に β^+ 線（陽電子 e^+）と中性微子 ν（ニュートリノ）を放出します。

$$p \rightarrow n + \beta^+ + \nu$$

C 記述のとおりです。例えば，^{137m}Ba と ^{137}Ba のような**核異性体**の間の遷移で γ 線を放出する現象を**核異性体転移**（IT, Isomeric Transition）と呼びますが，それと競合して，別な現象（**内部転換**，IC, Internal Conversion）も起きます。これは γ 線として放出するエネルギーを軌道電子に与えてこれを原子外に叩き出す現象です。そこで放出された電子を**内部転換電子**といいます。

D 記述のとおりです。**自発核分裂**（あるいは自発性核分裂，SF, Spontaneous Fission）は，外部からのエネルギーを受けずに自ら核分裂をしてほぼ似たような大きさの 2 つの核に分かれて，その際に中性子と γ 線を放出します。

問 3 解答 5 **解説** A 壊変定数 λ と半減期 T との関係は，単純な逆数関係ではありません。$\lambda = \ln 2/T \fallingdotseq 0.693/T$ という関係です。

B 2 つの分岐壊変があるとき，部分壊変定数 λ_1, λ_2 は，原子数 N に次式の

ように関与します。

$$-dN/dt = \lambda_1 N + \lambda_2 N$$

　これを，全体の壊変方程式 $-dN/dt = \lambda N$ と比較すると，$\lambda = \lambda_1 + \lambda_2$ となることがわかります。

　一方，Aの解説のように $\lambda = \ln 2/T$ ですから，これを用いると次の式が成り立つことになります。すなわち，全体の半減期を T とし，それぞれの部分壊変による半減期を T_1, T_2 とすると，

$$1/T = 1/T_1 + 1/T_2$$

C　壊変現象は原子核の変化ですから，温度や圧力のようなものには影響されません。

DE　記述のとおりです。

問4 解答 3　**解説**　半減期が T である核種の時間 t 後の放射能は，開始時期の放射能を1として，次のようになります。

$$(1/2)^{t/T}$$

　この式を使うと，題意で与えられた条件から，両核種の放射能が等しくなる年数を t とすると，次式が成り立ちます。

$$4 \times (1/2)^{t/5} = 1 \times (1/2)^{t/30}$$

　これを解くのですが，$(1/2)^X = (1/2)^Y$ から $X = Y$ が導けるように工夫します。

　$4 = (1/2)^{-2}$ ですから，上の式の左辺は次のようになります。

$$(1/2)^{-2} \times (1/2)^{t/5} = (1/2)^{-2+t/5}$$

以上より，次の式が得られます。

$$-2 + t/5 = t/30$$

これを解いて，$t = 12$

問5 解答 1　**解説**　A　記述のとおりです。γ線の波長は，散乱前より長くなります。電磁放射線が原子や分子の近くを通過する際に，光子が電子軌道と衝突して，運動エネルギーの一部を電子に与えて弾き飛ばします。光子自身はその分だけエネルギーが減少して別の方向に散乱し，波長も長くなりますが，これを**コンプトン散乱**といいます。

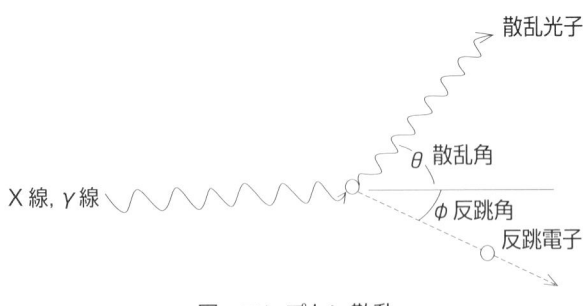

図　コンプトン散乱

　静止している電子（静止質量 m_0）にエネルギー $h\nu$ の光子（運動量 $h\nu/c$）が衝突する際，電子（**反跳電子**）は反跳角 ϕ の方向にエネルギー mc^2，運動量 p で弾き飛ばされたとし，光子は散乱角 θ の方向にエネルギー $h\nu'$，運動量 $h\nu'/c$ で散乱したとすると，次のような関係が成り立ちます。この式は公式として自在に使えるようによく練習しておきましょう。

$$h\nu' = \frac{h\nu}{1+\dfrac{h\nu}{m_0c^2}(1-\cos\theta)}$$

この式の右辺の分母は，基本的に1より大きいので，散乱後の振動数 ν' は小さくなることがわかります。すなわち，波長は大きく（長く）なります。

B　光子エネルギーが大きくなると，より強く前方に押し出される形の散乱となって，原子断面積は小さくなります。記述は逆になっています。

C　記述のとおりです。コンプトン散乱後の γ 線が，さらにコンプトン散乱を起こすことがあります。

D　コンプトン散乱の断面積は，この現象が光子と電子との相互作用ですので，電子数にほぼ比例します。したがって，原子番号にほぼ比例します。

問6 解答　1　解説　A　記述のとおりです。制動放射は，原子核のクーロン場との相互作用により起きるものです。

B　制動放射線は，β 線によって励起された原子核から発生した光子ではなく，β 線が原子核のクーロン場によって進行方向が曲げられたとき，すなわち，加速度を受けた際に生じるものです。

C　記述のとおりです。制動放射線のエネルギーは，連続スペクトルを示します。

D　記述のとおりです。制動放射線は，エネルギーの高い β 線の方が発生しやすいです。

管理技術 Ⅱ

問7 解答 1 解説 A 記述のとおりです。β線のエネルギー損失は，主に軌道電子との相互作用によって起きます。
B 記述は誤りです。β線は物質中において，頻繁に進行方向が変わります。
C 記述のとおりです。制動放射は，原子核のクーロン場との相互作用により起きるものです。
D 記述のとおりです。β線には，空気中の飛程が2mを超えるものもあります。

問8 解答 2 解説 A 記述のとおりです。α線は物質中ではほとんど直進します。
B 記述のとおりです。β線はα線に比べて制動放射線を発生させやすい傾向にあります。
C これは逆になっています。γ線は原子番号の小さい物質中ほど，光電効果を起こしにくいのです。原子番号の大きい物質中ほど，光電効果を起こしやすいのです。
D 記述のとおりです。中性子が1回の弾性散乱で失うエネルギーは，衝突する原子核の質量が小さいほど大きくなっています。

問9 解答 3 解説 計数値 x の標準偏差を σ で表すと，相対誤差（相対標準偏差）は σ/x ですが，正規分布に従う計数値 x の標準偏差は $\sqrt{x}$ ですので，相対誤差は，次のようになります。

$$\frac{\sigma}{x} = \frac{\sqrt{x}}{x} = \frac{1}{\sqrt{x}}$$

本問で指示値（計数率）は 1200cpm = 20cps で，これが時定数の2倍の測定時間における計数値 x に相当しますので，

x＝計数率×2×時定数＝20×2×10＝400

として，相対誤差は次のように求められます。

$$\frac{1}{\sqrt{x}} = \frac{1}{\sqrt{400}} = \frac{1}{20} = 0.05 = 5\%$$

問10 解答 3 解説 正味の計数率は次のように求められています。

400－36＝364cpm

正味の計数率の誤差は，測定における誤差とバックグラウンドの誤差の合成になります。すなわちそれぞれの分散の和が合成された量の分散になりますので，分散は標準偏差の2乗ですから，

合成された誤差の分散＝$20^2+6^2=436$

合成された誤差の標準偏差＝$\sqrt{436}≒20.9$

　実際に試験の際においては，この平方根の計算を実行するまでもなく，「2つの量の合成された誤差は，必ず両方の個別の誤差より大きい」という性質を考えれば，選択肢1および2が棄却されます。また，選択肢3の誤差21は2乗すると441となって，上の436を超えるので，選択肢4および5は該当しないことになります。このことから選択肢3が選ばれます。

問11　解答　5　解説　A　記述は誤りです。ハロゲンガスは電子を吸着しやすいので，計数ガスの主成分としては適していません。計数管のクエンチのために少量が混ぜられることはあります。その条件に適したものとして，計数ガスと呼ばれるガスがあり，1気圧で使用するときに用いられるものの例にPRガスがあり，これはP－10ガス（ピーテン）とも呼ばれ，アルゴン90％，メタン10％の組成です。

B　記述は誤りです。ガス増幅は，主にイオンとガス分子との衝突により引き起こされるのではなく，電子とガス分子の衝突によって引き起こされます。

C　記述のとおりです。得られるパルスの波高は，ガス増幅によってパルス電離箱よりも大きくなります。

D　記述のとおりです。中性子計測にBF$_3$比例計数管が用いられます。そこでは，^{10}B（n,α）^{7}Liの反応を利用して熱中性子を検出します。

問12　解答　1　解説　A　記述のとおりです。①は，0.511MeVに相当しています。これは消滅放射線（電子対生成，陽電子消滅反応）の全吸収ピークとなります。

B　記述のとおりです。②と⑥は，肩のような形をしていますので，エッジと呼ばれますが，これらはコンプトン反跳電子の最大エネルギーに相当していて，コンプトンエッジと呼ばれます。

C　記述のとおりです。③と⑦の鋭く長いピークは，γ線（1.37MeV，2.75MeV）の全吸収ピークです。

D，E　記述は誤りです。2.75MeVγ線のかなりのものは，電子対生成反応を起こしますので，その際の消滅光子の逃避にかかわるエスケープピークが見られます。しかし，④は2.75－0.511×2＝1.73MeVでダブルエスケープピーク，⑤は2.75－0.511＝2.24MeVでシングルエスケープピークに相当します。

問13 解答 3 解説 A 記述のとおりです。液体シンチレーション計数法によって，低エネルギーのβ線を検出することができます。
B 記述は誤りです。α線のエネルギーは大きいので強く発光し，検出効率（計数効率）は高いものになっています。
C 記述は誤りです。試料液中の溶存酸素は，励起エネルギーが光に転換するのを妨害（化学的クエンチャ）しますので，蛍光強度は低下します。
D 記述のとおりです。低エネルギーのβ線による発光は非常に弱いので，雑音対策のため複数の（一般には2本の）光電子増倍管を用いて同時計数を行います。

問14 解答 5 解説 A 記述は誤りです。イメージングプレートは，$BaFBr:Eu^{2+}$ や $BaFI:Eu^{2+}$ などの輝尽性蛍光体をプラスチックフィルムに塗布したものです。
B 記述のとおりです。X線に感度が高く，X線結晶解析法による放射線画像解析などに多用されます。
C 記述のとおりです。電子顕微鏡（電子線測定）による放射線画像解析などにも用いられます。
D 記述のとおりです。放射線照射（露光）から読み取り操作までの時間が長いと輝尽発光が低下して，フェーディングが起きます。

問15 解答 5 解説 A 誤った組合せです。レベル計には ^{60}Co や ^{137}Cs が用いられます。
B 誤った組合せです。密度計には ^{60}Co や ^{137}Cs が用いられます。
C 正しい組合せです。非破壊検査装置には ^{60}Co，^{192}Ir の他に ^{137}Cs も用いられます。
D 紙やシートの厚さ計には ^{90}Sr，^{147}Pm の他に ^{85}Kr，^{137}Cs，^{204}Tl，^{241}Am なども用いられます。第1回問題の解説（P.117）の表も参考にして下さい。

問16 解答 5 解説 数値を全部覚えるのは困難ですね。特徴的なものとして ^{192}Ir からのβ線エネルギーが非常に大きいことは知っておきましょう。選択肢のものを表にまとめます。

選択肢	核種	β線の最大エネルギー	備考
1	^{3}H	0.0186MeV	
2	^{14}C	0.156MeV	
3	^{63}Ni	0.0669MeV	
4	^{147}Pm	0.224MeV	
5	^{192}Ir	0.675MeV	γ線としても利用される。

問 17 解答 2 **解説** 難易度の高い問題といえるでしょう。透過型厚さ計は,放射線が物質を透過する際に,同一の物質であればその厚さに応じて吸収減弱されますので,その透過量から厚さを知るものです。線源の性質によってある程度大きな分類がなされます。次表をご覧下さい。

対象物(シート,板など)	線源の種類	線源の核種
ごく薄い紙,ビニルシート等	低エネルギーβ線源	^{147}Pm, ^{85}Kr, ^{204}Tl, ^{14}C 等
薄い鉄板など	高エネルギーβ線源	^{90}Sr, ^{106}Ru 等
	低エネルギーγ線源	^{241}Am 等
厚い鉄板など	高エネルギーγ線源	^{137}Cs, ^{60}Co 等

問 18 解答 4 **解説** 線減弱係数 [cm^{-1}] を,その材質の密度 [g·cm^{-3}] で割った値 [cm^{2}·g^{-1}] を質量減弱係数といいます。したがって,求めるべき鉄の線減弱係数を μ とすると,

$$0.060\text{cm}^{2}\cdot\text{g}^{-1} = \mu/7.9\text{g}\cdot\text{cm}^{-3} \quad \therefore \quad \mu = 0.060 \times 7.9 = 0.47\text{cm}^{-1}$$

問 19 解答 2 **解説** A 記述のとおりです。質量数4でかさ高のヘリウム原子核である α 線は,空気中の飛程もおよそ3〜8cm程度と低いものになっています。ゴム手袋くらいの密度の物質中では,飛程は数十 μm 程度ですので,厚さ0.3mm程度のゴム手袋では十分に遮蔽されます。

B 記述のとおりです。質量減弱係数は,光電効果で原子番号の4乗に否定します。コンプトン散乱では原子番号に依存せず,また電子対生成では原子番号に比例します。したがって,一般に原子番号の大きい物質ほど γ 線の遮蔽に有効です。

C　記述は誤りです。高エネルギーのβ線は，特に原子番号の大きな物質で遮蔽すると制動X線を放出します。したがって，制動放射線に対する注意が必要です。

D　記述は誤りです。中性子線は，鉛など原子番号の大きい物質では遮蔽の効率が悪く，一般にホウ酸水やポリエチレンブロックなどで遮蔽します。

問20 解答　1　解説　体内に取り込まれた物質は，生体の代謝によって（放射性であってもなくても）体外に排泄されます。この排泄による半減期を**生物学的半減期**（T_b）といいます。これと対比して，核種そのものの半減期は**物理的半減期**（物理学的半減期，T_p）といいます。体内の放射能は，この2種の半減期が総合された結果として減少していきます。その半減期を実効半減期（有効半減期）といい，T_e あるいは T_{eff} などで表されます。これらの半減期の間には次のような関係があります。

$$\frac{1}{T_{\mathrm{eff}}} = \frac{1}{T_p} + \frac{1}{T_b}$$

本問では，$T_p = 28$，$T_b = 50$ として，

　　$1/T_{\mathrm{eff}} = 1/28 + 1/50$

これを解くと，$T_{\mathrm{eff}} = 17.9$ 年となります。

試験の際に簡便に計算する方法として，1割程度の誤差は，選択肢の差異から許されるので，28年を25年として近似すると，

　　$1/T_{\mathrm{eff}} = 1/28 + 1/50 ≒ 1/25 + 1/50 = 2/50 + 1/50 = 3/50$ 　∴　$T_{\mathrm{eff}} ≒ 16.6$年

このようにしても1が選ばれます。このような計算法も試験技術としては重要です。

> 物理学的半減期と生物学的半減期を総合したものが実効半減期なのですね

問21 解答　1　解説　A　記述のとおりです。TLD素子を一定の速度で昇温させて得られる温度−蛍光強度曲線を，グローカーブといっています。LiFでいえば100℃から発光が始まり，250℃で完了します。

B　記述は誤りです。OSL線量計は輝尽発光，すなわち，放射線照射を受けた結晶の格子欠陥に自由電子が捕捉され，その後に緑色レーザー光などの光刺激によって蛍光を発する現象を利用しています。

　これに対し，放射線を照射すると蛍光中心（着色中心）ができ，これに紫外線を照射すると蛍光を発するガラスがあり，これがラジオフォトルミネセ

ンスで，蛍光ガラス線量計の原理になっています。
C　記述のとおりです。蛍光ガラス線量計の発光量が，放射線照射後しばらく（一般に24時間程度）経って安定する現象を，ビルドアップ現象といいます。
D　記述のとおりです。固体飛跡検出器において，反跳陽子によってできた傷を強アルカリ水溶液などで拡大することを，エッチングといいます。

問 22　解答　1　解説　A　記述は適切です。作業後に個人線量計の破損が判明するなどの事情がある場合には，当該期間の被ばく線量を計算で算出することも認められています。
B　記述は適切です。妊娠の意思のない旨を許可使用者に書面にて申し出た場合には，男性と同様の扱いになります。
C　記述は不適切です。人体の被ばく管理は，鉛入り防護衣の内側を管理しなければなりません。防護衣の内側に装着するべきです。ただし，防護衣で守られていない頭部・頸部や手足等の被ばくが著しく高く，別途測定が必要な場合には，内側の装着に加えてそれらの部位にも装着する必要があります。
D　記述は不適切です。背面からの被ばくが高いことが明らかであったとしても胸部（男性）または腹部（女性）に装着することは義務付けられていますので，「背面にのみ」ではなく，追加して個人線量計を装着するべきです。

問 23　解答　2　解説　A　適切な内容です。複数の作業者で交替しながら作業を行わせることは望ましいことです。
B　不適切です。待機中にも被ばくすることを考慮して行うべきです。作業場所に待機させることは望ましくありません。
C　適切な内容です。作業者の被ばく管理において，蛍光ガラス線量計による定期的な管理のほかに，電子式個人線量計を用いた日常管理を行わせることはより望ましいことです。
D　不適切です。γ線のエネルギーが低くても，防護衣は着用させるべきです。また，低エネルギーγ線は，原子番号の大きい鉛などでの遮蔽効果が大きく，鉛入り防護衣でかなりの被ばくを軽減できます。

問 24　解答　5　解説　A　記述は誤りです。バイスタンダー効果は，照射された細胞以外に伝わる現象をいいます。バイスタンダーとは，傍観者という意味ですが，傍観者にも影響が及ぶことを指しています。
B　記述のとおりです。ゲノムとは，遺伝子としてその生物が必要とする最小

限の染色体のことをいいます。ゲノムが不安定であると，遺伝子異常を修復や制御することが難しくなり，突然変異の可能性が高くなります。
C　記述は誤りです。あらかじめ低線量の被ばくを受けた場合，後の高線量被ばくに対して，「より低い」放射線感受性を示す現象を適応応答といいます。説明文は逆になっています。
D　記述のとおりです。遺伝子の基本情報である塩基配列だけで，生物の形態は決まらず，それを発現する状態を制御するものをエピジェネティックスと呼んでいますが，現在も研究が進んでいる分野です。エピジェネティックスによる遺伝形質の変化は，塩基配列の変化を伴う遺伝的影響とは区別されます。

問 25　解答　5　解説　安定型に属する染色体異常には，欠失（一部が失われる異常，末端欠失や中間欠失があります），逆位（順序の入れ替わり異常），転座（2個の染色体間の部分的交換異常）などがあります。

また，不安定型に属するものには，二動原体染色体（動原体は染色体のくびれのことで，これが2個できる異常）や環状染色体（リング状になる異常）があります。

問 26　解答　3　解説　A　記述のとおりです。着床前期での被ばく影響は，基本的に胚死亡，すなわち流産になります。
B　記述は誤りです。精神遅滞は受精後8～25週の間の被ばくで最も発生しやすくなっています。
C　記述は誤りです。奇形の発生は妊娠後期ではなく，2～8週における被ばくで多いものです。
D　記述のとおりです。がんは器官形成期以降のどの時期に被ばくしても発生する可能性があります。

問 27　解答　3　解説　A　記述は誤りです。身体的影響はすべて被ばく直後の急性障害として現れるとはいえません。発がんや白内障はすぐには現れず，晩発影響に属します。
B　記述のとおりです。悪性腫瘍（しゅよう）の発生は，本人に現れる症状ですので，身体的影響です。
C　記述のとおりです。放射線により誘発される悪性腫瘍の悪性度は線量にはよりません。確率的影響では被ばく線量に応じて発生確率が増しますが，重篤度（悪性度）は関係ありません。被ばく線量に関係なく重篤度が決まりま

す。

D　記述は誤りです。被ばく線量に応じて重篤度の増す障害は確定的影響とみなされます。

問28　解答　1　解説　A　記述のとおりです。ラジカルスカベンジャーはラジカルと反応して，ラジカルを消滅・無害化します。

B　記述のとおりです。SH 基を有する化合物は，ラジカルスカベンジャーに属するもので，放射線防護作用を持ちます。

C　記述のとおりです。放射線と温熱（40℃を超える領域）の併用による増感効果は，ハイパーサーミアとも呼ばれ，放射線感受性を上げるもので，臨床的にも応用されています。

D　記述は誤りです。細胞を低 LET 放射線で照射するとき，放射線感受性は酸素分圧の増加に伴って向上します。

問29　解答　5　解説　1　頭部脱毛は該当しません。しきい線量は 3 Gy とされています。

2　永久不妊も該当しません。しきい線量は，男性で3.5～6 Gy，女性で2.5～6 Gy となっています。

3　腸出血も該当しません。腸粘膜のはく離として発現し，しきい線量は10Gy です。

4　慢性リンパ性白血病も該当しません。白血病は確率的影響に属し，長い潜伏期間を有します。ただ，慢性リンパ性白血病は，原爆被ばく者の疫学調査では増加が確認されているわけではありません。

5　はきけは，急性放射線障害の典型的症状としての放射線宿酔に該当します。しきい線量は 1 Gy 程度です。

問30　解答　5　解説　年間線量の世界平均で比較すると，次のようになっています。

　　　　C（1.2mSv）＞B（0.18mSv）＞A（0.01mSv）

細かいことが問われていますが，世界平均データのある程度の数値は押さえておくとよいでしょう。

選択肢には意外と多くのヒントが隠れているものですよ

コラム　スカベンジャーとは？

　スカベンジャーとは，もともと「掃除する人，掃除するもの」という意味です。ラジカル・スカベンジャーはラジカルを掃除するもの，イオン・スカベンジャーはイオンを掃除するもののことです。

　肉食動物にもスカベンジャーがいるそうです。動物を捕獲してその肉を食べる強い肉食動物と，その食べ残しの肉を最後まできれいに食べる肉食動物とがいるらしく，後者をスカベンジャーと呼ぶそうです。スカベンジャーの肉食動物の例としては，ハイエナやコンドルなどが挙げられるようですが，恐竜の時代にもいたそうです。あの有名な恐竜のティラノザウルス・レックスも，もしかしたらスカベンジャーであったのではないかという説が最近出されているようです。

法令

問1 解答 3　**解説**　法律の第1条（目的）と第2条（用語の定義）は，放射線取扱主任者試験に限らず，他の国家試験においても頻出します。そして，一言一句正しく把握しておく必要があります。似たような語句であっても，法律で用いられている語句が正しいこととされますので，これにも注意しましょう。似ているから大丈夫ということにはなりません。

　Aでは，「保管，運搬」は「販売，賃貸」その他などの目的のための手段でしょう。Bの「規制」も「制限」も意味は似ているのですが，法律では「規制」が使われています。Cの「放射線障害」と「被ばく等」も同様です。使われているのは「放射線障害」です。

　Dでは，「作業者」の安全も必要ですが，それだけでは困りますね。

法律の第1条と第2条は頻出するのでしっかりおさえておきましょう

問2 解答 5　**解説**　法第3条第1項第5号に示されている「放射線」については，「核燃料物質，核原料物質，原子炉および放射線の定義に関する政令第4条」で次の4種が規定されています。
- アルファ線，重陽子線，陽子線その他の重荷電粒子線およびベータ線
- 中性子線
- ガンマ線および特性エックス線（軌道電子捕獲に伴って発生する特性エックス線に限る）
- 1メガ電子ボルト以上のエネルギーを有する電子線およびエックス線

　すなわち，A～Dのすべてが該当することになります。

問3 解答 3　**解説**　A　記述は誤りです。届出使用者は，使用の場所を変更したときは，「変更の日から30日以内」ではなく，あらかじめその旨を原子力規制委員会に届け出なければなりません。場所の変更は，それなりに大きな変更です（法第3条の2第2項）。

B　記述のとおりです。届出使用者は，法人の代表者の氏名を変更したときは，変更の日から30日以内に，その旨を原子力規制委員会に届け出なければなりません（法第3条の2第3項）。

C　記述のとおりです。届出使用者は，使用の目的および方法を変更しようと

するときは，あらかじめ，その旨を原子力規制委員会に届け出なければなりません（法第3条の2第2項）。

D　記述は誤りです。届出使用者は，氏名または名称を変更しようとする場合には，「あらかじめ」ではなく「変更の日から30日以内」に，その旨を原子力規制委員会に届け出ます。氏名や名称の変更は，内容的には（技術的には）それほど大きな変更ではないですね（法第3条の2第3項）。

問4　解答　1　**解説**　法第3条第2項を次に示します。

　2　前項本文の許可を受けようとする者は，次の事項を記載した申請書を原子力規制委員会に提出しなければならない。
　一　氏名または名称および住所並びに法人にあっては，その代表者の氏名
　二　放射性同位元素の種類，密封の有無および数量または放射線発生装置の種類，台数および性能
　三　使用の目的および方法
　四　使用の場所
　五　放射性同位元素または放射線発生装置の使用をする施設（以下単に「使用施設」という。）の位置，構造および設備
　六　放射性同位元素を貯蔵する施設（以下単に「貯蔵施設」という。）の位置，構造，設備および貯蔵能力
　七　放射性同位元素および放射性汚染物を廃棄する施設（以下単に「廃棄施設」という。）の位置，構造および設備

これによるとA，B，C，DのうちD以外が該当することになります。

問5　解答　4　**解説**　法第4条（販売および賃貸の業の届出）を次に示します。

　放射性同位元素を業として販売し，または賃貸しようとする者は，政令で定めるところにより，あらかじめ，次の事項を原子力規制委員会に届け出なければならない。ただし，表示付特定認証機器を業として販売し，または賃貸する者については，この限りでない。
　一　氏名または名称および住所並びに法人にあっては，その代表者の氏名
　二　放射性同位元素の種類
　三　販売所または賃貸事業所の所在地
　2　前項本文の規定により販売の業の届出をした者（以下「届出販売業者」という。）または同項本文の規定により賃貸の業の届出をした者（以下「届出賃貸

業者」という。)は，同項第2号または第3号に掲げる事項を変更しようとするときは，原子力規制委員会規則で定めるところにより，あらかじめ，その旨を原子力規制委員会に届け出なければならない。
  3 届出販売業者または届出賃貸業者は，第1項第1号に掲げる事項を変更したときは，原子力規制委員会規則で定めるところにより，変更の日から30日以内に，その旨を原子力規制委員会に届け出なければならない。

 これによると，Aの「特定放射性同位元素の賃貸予定期間」は記載がありませんので，必要ありません。
 B〜Dについては，法第4条第1項第1〜3号に記載があります。ただし，やや詳しいことに注意が必要ですが，同条第2項を見ると，CおよびDの事項は「あらかじめ」届出なければならないことになっていますので，本問で該当します。しかし，Bの「氏名または名称および住所並びに法人にあっては，その代表者の氏名」については，同条第3項に「変更の日から30日以内に」届け出ればよいことになっていますので，本問では該当しません。
 それらの違いをよく確認しておきましょう。

問6 解答 4 解説 A 記述は誤りです。使用施設内の人が常時立ち入る場所における線量は，実効線量で1週間につき1 mSv以下とされています。
B 記述のとおりです。工場または事業所の人が居住する区域における線量は，実効線量で3月間につき250μSv以下としなければなりません。
C 記述のとおりです。工場または事業所の境界における線量は，実効線量で3月間につき250μSv以下としなければなりません。
D 記述のとおりです。病院または診療所（介護保険法で定められた介護老人保健施設を除く。）の病室における線量は，実効線量で3月間につき1.3mSv以下としなければなりません。

問7 解答 5 解説 則第11条（許可使用に係る使用の場所の一時的変更の届出）に次のように規定されています。

 第11条 法第10条第6項の規定による使用の場所の変更の届出は，別記様式第12の届書により，しなければならない。
  2 前項の届書には，次の書類を添えなければならない。
  一 使用の場所およびその付近の状況を説明した書面
  二 使用の場所を中心とし，管理区域および標識を付ける箇所を示し，かつ，

縮尺および方位を付けた使用の場所およびその付近の平面図
三　放射線障害を防止するために講ずる措置を記載した書面

これによると，Aの「一時的に使用する場所の所有者の許可を証明する書面」という規定はありません。場所の所有者の許可の書面までは要求されていません。B，C，Dは，それぞれ第1号，第3号および第2号が該当します。

問8　解答　1　解説 ^{192}Irの下限数量が10kBqであるということは，その1,000倍である10MBqを超える使用者は許可使用者となりますので，この使用者は許可使用者になります。許可使用者にとって，一時的変更の届出が必要な数量は，「3TBqを超えない範囲内で放射性同位元素の種類に応じて原子力規制委員会が定める数量（A_1）以下」（法第10条第6項，令第9条第1項）となっており，A_1値は本問で1TBqと示されています。
この使用者の^{192}Ir線源の数量185GBqはこれらの数値より小さいので，「一時的変更の届出」が必要となります。

問9　解答　3　解説 法第9条（許可証）の全体を掲げます。何が規定されているかを確認しておきましょう。出題されやすいところです。本問の選択肢のA，DおよびEはそれぞれリストアップされています。しかし，Bの「放射線取扱主任者の氏名」はありません。また，「使用の目的」はあるものの，Cの「使用の方法」は該当しませんので記載されません。

（許可証）
第9条　原子力規制委員会は，第3条第1項本文または第4条の2第1項の許可をしたときは，許可証を交付する。
2　第3条第1項本文の許可をした場合において交付する許可証には，次の事項を記載しなければならない。
一　許可の年月日および許可の番号
二　氏名または名称および住所
三　使用の目的
四　放射性同位元素の種類，密封の有無および数量または放射線発生装置の種類，台数および性能
五　使用の場所
六　貯蔵施設の貯蔵能力
七　許可の条件

3　第4条の2第1項の許可をした場合において交付する許可証には，次の事項を記載しなければならない．
一　許可の年月日および許可の番号
二　氏名または名称および住所
三　廃棄事業所の所在地
四　廃棄の方法
五　廃棄物貯蔵施設の貯蔵能力
六　廃棄物埋設に係る許可証にあっては，埋設を行う放射性同位元素または放射性汚染物の量
七　許可の条件
4　許可証は，他人に譲り渡し，または貸与してはならない．

問 10　解答　3　解説　法第10条第2項に係る則9条の2を示します．

（変更の許可を要しない軽微な変更）
第9条の2　法第10条第2項ただし書の原子力規制委員会規則で定める軽微な変更は，次の各号に掲げるものとする．
一　貯蔵施設の貯蔵能力の減少
二　放射性同位元素の数量の減少
三　放射線発生装置の台数の減少
四　使用施設，貯蔵施設または廃棄施設の廃止
五　使用の方法または使用施設，貯蔵施設もしくは廃棄施設の位置，構造もしくは設備の変更であって，原子力規制委員会の定めるもの
六　放射線発生装置の性能の変更であって，原子力規制委員会の定めるもの

A　記述は誤りです．表示付認証機器である密度計3台を新たに追加して使用する場合は，「軽微な変更」には当たりません．「許可使用者」であることに加えて，「表示付認証機器届出使用者」にもなる必要があります．したがって，使用の開始の日から30日以内に届をすることになります．

B　記述のとおりです．工事を伴わないもので，使用施設の管理区域を拡大する場合には，「軽微な変更」に当たります．上記の則第9条の2だけでは判断できませんが，平成17年文部科学省告示第81号第1条第3号にて，則第9条第5号の「使用の方法または使用施設，貯蔵施設もしくは廃棄施設の位置，構造もしくは設備の変更であって，原子力規制委員会の定めるもの」に該当することになっています．

C 記述のとおりです。密封された線源のまま，線源の種類も変わらず，つまり，形式が変更しないまま，線源の数量だけが小さくなる側への変更ですので，「軽微な変更」に当たります。
D 記述は誤りです。使用時間数が減少する場合には，「軽微な変更」に当たりますが，使用時間数が増加するのであれば「軽微な変更」には当たりません。

問11 解答 4 解説 法第12条の2第3項および第4項からの出題です。その条文を次に示します。

> 3 設計認証または特定設計認証を受けようとする者は，次の事項を記載した申請書を原子力規制委員会または登録認証機関に提出しなければならない。
> 一 氏名または名称および住所並びに法人にあっては，その代表者の氏名
> 二 放射性同位元素装備機器の名称および用途
> 三 放射性同位元素装備機器に装備する放射性同位元素の種類および数量
> 4 前項の申請書には，放射線障害防止のための機能を有する部分の設計並びに使用，保管および運搬に関する条件（特定設計認証の申請にあっては，年間使用時間に係るものを除く。）を記載した書面，放射性同位元素装備機器の構造図その他原子力規制委員会規則で定める書類を添付しなければならない。

A 細かいことが問われています。「設計認証」を受ける場合には，「放射性同位元素装備機器の年間使用時間」の記載が求められますが，本問の「特定設計認証」の場合には，その記載は必要ありません（法第12条の2第4項）。
B 放射性同位元素装備機器に装備する放射性同位元素の保管を委託する者の氏名または名称および住所などは，規定がありませんので不要です。
C 放射性同位元素装備機器に装備する放射性同位元素の種類および数量は，法第12条の2第3項第3号にあります。
D 放射性同位元素装備機器の名称および用途は，法第12条の2第3項第2号にあります。

問12 解答 5 解説 法第12条の2（放射性同位元素装備機器の設計認証等）に係る令第12条第1項からの出題です。細かいことが問われています。

> （特定設計認証）
> 第12条 法第12条の2第2項に規定する政令で定める放射性同位元素装備機器は，次に掲げるものとする。

一　煙感知器
二　レーダー受信部切替放電管
三　その他その表面から10センチメートル離れた位置における1センチメートル線量当量率が1マイクロシーベルト毎時以下の放射性同位元素装備機器であって原子力規制委員会が指定するもの

　Aの「煙感知器」とBの「レーダー受信部切替放電管」は令第12条第1項のそれぞれ第1号および第2号にあります。
　Cの「集電式電位測定器」およびDの「熱粒子化式センサー」も規定がなさそうに思えますが，実は平成17年文部科学省告示第93号の第1号において「集電式電位測定器」が，同第2号において「熱粒子化式センサー」の2つが指定されています。

問13　解答　3　解説　^{90}Srおよび^{85}Krの下限数量はいずれも10kBqですので，密封された放射性同位元素の使用においては，その1,000倍の10MBq以下のものであれば「届出」になり，10MBqを超える者の場合には「許可」が必要になります。したがって，本問の使用者（更新前3.7GBq，更新後7.4GBq）はこれを超えていますので，更新の前も後も「許可使用者」です。
　これらのことより，届出使用者でないので選択肢1は該当しませんし，2のように新たに許可申請をすることもおかしい形です。3のように，許可使用に係る変更の許可申請が必要な手続きとなります。4の軽微な変更でもありませんし，5の一時的な変更でもありません。

問14　解答　1　解説　法第15条（使用の基準）第1項に係る則第15条（使用の基準）第1項第2号の条文です。それを掲げます。

則第15条第1項
（第1号，第1号の2　略）
二　密封された放射性同位元素の使用をする場合には，その放射性同位元素を常に次に適合する状態において使用をすること。
イ　正常な使用状態においては，**開封**または**破壊**されるおそれのないこと。
ロ　密封された放射性同位元素が漏えい，浸透等により**散逸**して汚染するおそれのないこと。

問15　解答　4　解説　法第16条（保管の基準等）第1項に係る則第17条（保管

法令

の基準）第1項からの出題です。則第17条第1項の関係するところを示します。

> 則第17条　許可届出使用者に係る法第16条第1項の原子力規制委員会規則で定める技術上の基準については，次に定めるところによるほか，第15条第1項第3号の規定を準用する。この場合において，同号ロ中「放射線発生装置」とあるのは「放射化物」と読み替えるものとする。
> （第1号　略）
> 二　貯蔵施設には，その貯蔵能力を超えて放射性同位元素を貯蔵しないこと。
> 三　貯蔵箱（密封された放射性同位元素を耐火性の構造の容器に入れて保管する場合には，その容器）について，放射性同位元素の保管中これをみだりに持ち運ぶことができないようにするための措置を講ずること。
> （第4～7号　略）
> 八　貯蔵施設の目につきやすい場所に，放射線障害の防止に必要な注意事項を掲示すること。

A　このような規定はありません。
B　則第17条第1項第2号の規定です。
C　則第17条第1項第8号の規定です。
D　則第17条第1項第3号の規定です。

問16　解答　3　解説　法第18条（運搬に関する確認等）第1項に係る則第18条の5（A型輸送物に係る技術上の基準）からの出題です。A型輸送物の定義は，原子力規制委員会の定める量を超えない量の放射能を有する放射性同位元素等（L型輸送物を除く。）となっています。
A　記述のとおりです。L型輸送物と共通規定です。則第18条の5第1号の規定が，則第18条の4第1号と同じであるとなっています。
B　記述のとおりです。これもL型輸送物と共通規定です。則第18条の5第1号の規定が，則第18条の4第3号と同じです。
C　記述は誤りです。表面における1cm線量当量率の最大値が20mSv/hではなく，2mSv/hを超えないこととなっています（則第18条の5第7号）。
D　記述のとおりです。則第18条の5第2号の規定です。

問17　解答　1　解説　法第20条（測定）第1項に係る則第20条（測定）第1項に関わる出題です。
A　記述のとおりです。70μm線量当量が1cm線量当量の10倍を超えるおそれ

のある場所においては，70μm 線量当量について放射線の量の測定を行うこととされています（則第20条第1項第1号）。

B 記述のとおりです。作業を開始した後にあっては，下限数量の1,000倍の密封された放射性同位元素のみを取り扱うときの放射線の量の測定は，6月を超えない期間ごとに1回行うことが規定されています（則第20条第1項第4号ハ）。

C 記述のとおりです。作業を開始した後にあっては，下限数量の1,000倍を超える密封された放射性同位元素を固定して取り扱う場所であって，取扱いの方法および遮蔽壁その他の遮蔽物の位置が一定しているときの放射線の量の測定は，6月を超えない期間ごとに1回行うことになっています（則第20条第1項第4号ロ）。

D 記述は誤りです。事業所等外において人が居住する区域の放射線の量の測定について，規定はありません。

問 18 解答 2 解説 法第21条（放射線障害予防規程）に係る則第21条（放射線障害予防規程）に関する出題です。

A 正しい項目です。則第21条第1項第5号に，「放射線障害を防止するために必要な教育および訓練に関すること」とあります。

B 正しい項目です。則第21条第1項第7号に，「放射線障害を受けた者または受けたおそれのある者に対する保健上必要な措置に関すること」とあります。

C 使用施設等の変更の手続きに関することという項目はありません。

D 正しい項目です。則第21条第1項第10号に，「危険時の措置に関すること」とあります。

問 19 解答 4 解説 法第1条（用語の定義）第11号に係る告第5条（実効線量限度）および告第6条（等価線量限度）に関する出題です。これらの規定の数値は重要ですので，確実に頭に入れておきましょう。

A 記述は誤りです。皮膚については，4月1日を始期とする1年間につき，1,000mSv ではなく，500mSv となっています（告第6条第2号）。

B 正しい項目です。平成13年4月1日以後5年ごとに区分した各期間につき100mSv になっています（告第5条第1号）。

C 記述は誤りです。眼の水晶体については，4月1日を始期とする1年間につき，500mSv ではなく150mSv です（告第6条第1号）。

D 正しい項目です。4月1日を始期とする1年間につき50mSv になっていま

す（告第5条第2号）。

問20 解答 3 解説 法第22条（教育訓練）に係る則第21条の2（教育訓練）に関する出題です。
A 記述のとおりです。放射線業務従事者に対しては，初めて管理区域に立ち入る前および管理区域に立ち入った後にあっては1年を超えない期間ごとに行わなければなりません（則第21条の2第1項第2号）。
B 記述は誤りです。放射線業務従事者が初めて管理区域に立ち入る前に行う教育および訓練の時間数は，4つの項目ごとにそれぞれ定められています（則第21条の2第1項第2号，平成3年科学技術庁告示第10号第1項）。
C 記述は誤りです。取扱等業務に従事する者であって，管理区域に立ち入らないものであっても，取扱等業務を開始する前に行う教育および訓練の項目（4項目）とその時間数は定められています（則第21条の2第1項第3号，平成3年科学技術庁告示第10号第2項）。
D 記述のとおりです。放射線業務従事者に対する教育および訓練には，次の4項目が定められています（則第21条の2第1項第4号）。
イ 放射線の人体に与える影響
ロ 放射性同位元素等または放射線発生装置の安全取扱い
ハ 放射性同位元素および放射線発生装置による放射線障害の防止に関する法令
ニ 放射線障害予防規程

問21 解答 1 解説 法第23条（健康診断）に係る則22条（健康診断）に関する出題です。
A 対象者の氏名を記録することは，当然といえますね（則22条第2項第1号ロ）。
B 健康診断を行った医師名も記録される必要があります（則22条第2項第1号ハ）。
C 健康診断の結果に基づいて講じた措置も記録を残さなければなりません（則22条第2項第1号ホ）。
D 健康診断の結果を記録した者の氏名は，残すほどのものではありませんね。それを記録するような規定がありません。

問22 解答 3 解説 則第23条（放射線障害を受けた者または受けたおそれのある者に対する措置）第1項第2号の条文そのものとなっています。実際の条

文に用いられている語句が正解となります。しかし，条文を正確に覚えている人はほとんどいないでしょうから，文章上で（文脈上の）判断をするしかありません。

Bでは，「問診」では，「診断」の一部でしかありませんので，「診断」が妥当と思われます。Cも「健康診断」より「保健指導」のほうが，より「適切な措置」でしょう。しかし，BとCのこれらの判断では，選択肢1と3が残るだけで，その判定はAによらざるを得ません。「放射線障害を受けたおそれの程度に応じ」と「遅滞なく」では，文脈上からはどちらもありえると思われますので，決め手にかけるところですが，「遅滞なく」の方が被害にあわれた方に寄り添う表現になっていると考えられます。

問23 解答 1 解説 法第25条（記帳義務）第1項に係る則第24条（記帳）第1項第2号イ～トに関する問題です。常識で判断するのは困難な問題かもしれません。
A 保管を委託した放射性同位元素の種類および数量は，記載されるべき項目として定められています（則第24条第1項第2号ニ）。
B 放射性同位元素の保管の委託の年月日，期間および委託先の氏名または名称も，定められている項目です（則第24条第1項第2号ホ）。
C 受入れに係る放射性同位元素の種類および数量は，規定がありません。
D 放射線施設に立ち入る者に対する教育および訓練の実施年月日，項目並びに当該教育および訓練を実施した者の氏名も，規定がありません。

問24 解答 5 解説 法第28条（許可の取消し，使用の廃止等に伴う措置）に係る則26条（許可の取消し，使用の廃止等に伴う措置）および法第29条（譲渡し，譲渡等の制限）に係る則第27条（譲渡しの制限）に関する問題です。
A 届出使用者が，その届出に係る放射性同位元素のすべての使用を廃止したため，その届出に係る放射性同位元素を，廃止の日から10日後に，届出販売業者に譲り渡したという手続きは，「廃止の日から30日以内に譲り渡すこと」という規定に合致しています（則26条第1項第1号，則第27条）。
B 届出使用者が，その届出に係る放射性同位元素のすべての使用を廃止したため，選任されていた放射線取扱主任者に廃止措置の監督をさせたということは，則26条第1項第8号に合致しています。
C 届出使用者が，その届出に係る放射性同位元素のすべての使用を廃止したため，放射線業務従事者の受けた放射線の量の測定結果の記録を廃止措置計画の計画期間内に，原子力規制委員会の指定する機関に引き渡したというこ

とは，則26条第1項第9号の規定に合致しています。
D　表示付認証機器届出使用者が，その届出に係る表示付認証機器のすべての使用を廃止したため，使用の廃止の日に，その届出に係る表示付認証機器を届出販売業者に譲り渡したという手続きは，Aと同様に，「廃止の日から30日以内に譲り渡すこと」という規定に合致しています（則26条第1項第1号，則第27条）。

問25　解答　4　解説　法第32条（事故届）の条文からの出題です。この条文は，穴の位置を変えながら穴埋め問題が何度も出題されています。その内容をよく確認しておきましょう。「運搬」における事故ですから，工場や事業所などではなく，一般公道や海上における事故ですので，警察官や海上保安官に連絡しなければなりません。

問26　解答　5　解説　法第30条（所持の制限）に関する問題です。
A　記述のとおりです。許可使用者は，その許可証に記載された種類の放射性同位元素をその許可証に記載された貯蔵施設の貯蔵能力の範囲内で所持することができます（法第30条第1項第1号）。
B　記述のとおりです。届出使用者は，その届け出た種類の放射性同位元素をその届け出た貯蔵施設の貯蔵能力の範囲内で所持することができます（法第30条第1項第2号）。
C　記述のとおりです。届出販売業者は，その届け出た種類の放射性同位元素を運搬のために所持することができます（法第30条第1項第3号）。
D　記述のとおりです。届出賃貸業者から放射性同位元素の運搬を委託された者は，その委託を受けた放射性同位元素を所持することができます（法第30条第1項第11号）。

問27　解答　1　解説　法第34条（放射線取扱主任者）に関する問題です。
　A～Cについて，選任が可能です。届出賃貸業者および届出販売業者は，その扱う放射性同位元素が密封であるかないかによらず，また，その数量にもよらず，第1種，第2種および第3種の放射線取扱主任者免状を有する者を放射線取扱主任者として選任できます（法第34条第1項第3号）。
D　この場合は選任できません。10TBq以上の密封された放射性同位元素を使用する場合は，特定許可使用者になり，そこで放射線取扱主任者として選任できるのは，（例外としての診療目的等の場合を除き）第1種放射線取扱主任者免状を有する者でなければなりません（法第34条第1項第1号）。

問28 解答 2 解説 法第29条(譲渡し,譲受け等の制限)に関する出題です。ほとんど常識的に判断できるものですね。

A 許可使用者がその許可証に記載された種類の放射性同位元素を,その許可証に記載された貯蔵施設の貯蔵能力の範囲内で譲り受ける場合は,法的に認められます(法第29条第1項第1号)。

B 届出使用者がその届け出た種類の放射性同位元素を,その届け出た貯蔵施設の貯蔵能力の範囲内で譲り受ける場合も,認められます(法第29条第1項第2号)。

C 届出販売業者がその届け出た種類のものは構いませんが,「届け出た種類以外」の放射性同位元素を譲り渡してはいけません(法第29条第1項第3号)。

D 届出賃貸業者がその届け出た種類の放射性同位元素を,借り受ける場合も適法です(法第29条第1項第4号)。

問29 解答 5 解説 法第36条の2(定期講習)第1項に係る則第32条(定期講習)第1項からの出題です。A～Dはいずれも記述のとおりです。

A,B 則第32条第1項第1号が該当します。

C,D 則第32条第1項第2号が該当します。

問30 解答 4 解説 法第42条(報告徴収)第1項に係る則第39条(報告の徴収)からの出題です。報告の期限について,「直ちに」,「10日以内」,「30日以内」,「3月以内」とありますが,それぞれどの場合に適用されるのか,緊急性との関係がありますので,よく確認しておきましょう。

A 記述は誤りです。届出販売業者から運搬を委託された者は,放射性同位元素の盗取または所在不明が生じたときは,「その旨を直ちに」報告することは正しいのですが,「その状況およびそれに対する処置を30日以内に」報告することは誤りです。「その状況およびそれに対する処置は10日以内に」原子力規制委員会に報告しなければなりません。緊急性の高いものは「10日以内に」なっています(則第39条第1項第1号)。

B 記述のとおりです。届出使用者は,放射線施設を廃止したときは,放射性同位元素による汚染の除去その他の講じた措置を,放射線施設の廃止に伴う措置の報告書により30日以内に原子力規制委員会に報告しなければなりません。緊急性の低い場合には「30日以内」となっています(則第39条第2項)。

C 記述は誤りです。許可使用者は,放射線業務従事者について実効線量限度

もしくは等価線量限度を超え、または超えるおそれのある被ばくがあったときは、これもAと同様で、緊急性が高いので、「30日以内」ではなく「10日以内」の報告になっています（則第39条第1項第8号）。
D 　記述のとおりです。届出賃貸業者は、放射線管理状況報告書を毎年4月1日からその翌年の3月31日までの期間について作成し、当該期間の経過後3月以内に原子力規制委員会に提出しなければなりません。これは定例的な報告なので、「3月以内」です（則第39条第3項）。

第3回 解答解説

管理技術 I

問1 解答

I　A－1（末しょう血液）　　B－7（血色素）
　　C－4（ヘマトクリット）　D－14（白血球百分率）
　　E－4（赤血球）　　　　　F－4（赤血球）
　　G－5（白血球）　　　　　H－2（B細胞）　　I－9（T細胞）
II　J－1（表皮）　　　　　　K－4（基底細胞）　L－9（初期紅斑）
　　M－3（一時的脱毛）　　　N－8（潰瘍）　　　O－4（後極）
　　P－12（混濁）　　　　　 Q－9（白内障）　　R－4（晩発）

問1 解説

I　健康診断において，検査または検診の対象となる部位と項目は，イ）末しょう血液中の血色素量またはヘマトクリット値，赤血球数，白血球数および白血球百分率，ロ）皮膚，ハ）眼，ニ）その他原子力規制委員会（出題時は，文部科学大臣となっていましたが，法改正により原子力規制委員会となっています）が定める部位および項目です。

　血液細胞は主に骨髄で作られ，造血の源となる多能性造血細胞から分かれて，赤血球，血小板，白血球，リンパ球に分化します。骨髄は放射線感受性が高く，1～2Gyの急性被ばくで骨髄障害が現れ，白血球減少，血小板減少，貧血などが起こります。

　血色素量は赤血球に含まれるヘモグロビン量を，ヘマトクリット値は赤血球の容積を，それぞれ，単位血液量に占める割合で表したもので，どちらも骨髄障害による貧血の指標となります。

　白血球は，顆粒球，単球，リンパ球に分類され，さらに顆粒球は好中球，好塩基球，好酸球に分けられます。好中球の炎症部への集合による細菌の貪食，活性酸素や殺菌性酵素による殺菌効果などにより生体を防御します。単球はマクロファージへと分化し，やはり，細菌の貪食などの働きをします。リンパ球には，B細胞，T細胞，NK（ナチュラルキラー）細胞などがあり，B細胞は免疫グロブリンを産生し液性免疫を，T細胞はウイルス感染細胞を殺傷し細胞性免疫を担います。リンパ球は放射線感受性が非常に高く，0.5Gy以上の放射線を急性被ばくすると，1～2日以内に線量の増加に伴って細胞数の減少が見られます。

Ⅱ 皮膚は，表皮，真皮，皮下組織からなっていて，付属器官には汗腺，皮脂腺，毛嚢（のう），血管などがある複雑な組織です。被ばく後，皮膚で敏感に反応するのは，表皮の最下層にある基底細胞で，増殖阻害などが起こります。線量と被ばく後経過時間に応じて上記のような様々な障害が現れますが，約 2～3 Gy 被ばくすると，毛細血管の拡張によって初期紅斑が，毛嚢（のう）の障害によって一時的脱毛が起こります。20～30Gy 以上の高線量を急性被ばくすると，皮下組織が壊死（えし）となって難治性の潰瘍が起こります。

眼の水晶体も放射線感受性の高い組織で，放射線を被ばくすると水晶体前面の上皮の分裂細胞が損傷を受け，障害を受けた細胞は徐々に後方に移動し，後極の被膜下に蓄積し，混濁の原因となります。水晶体の後部皮膜下に乳白色の混濁を形成して視力障害に至った疾病が白内障で，白内障は晩発障害に分類されます。

問 2 解答

Ⅰ A－8 (1.8)　　　　B－1 (1.8×10^{-2})　　　C－4 (0.9)
　D－11 (40)　　　　E－6 (1.3)　　　　　　　　F－14 (250)
Ⅱ G－3 (8.5)　　　　H－3 (530)　　　　　　　　I－2 (3.9)
Ⅲ J－5 (銀活性リン酸塩ガラス)　　　　　　　　K－4 (紫外線)
　L－2 (小さい)　　 M－6 (二次電子)　　　　　N－5 (電離)
　O－5 (電流)　　　 P－1 (小さく)　　　　　　Q－2 (低い)

問 2 解説

Ⅰ ［P 点における実効線量率］

$$\frac{実効線量率定数 \times 線源放射能 \times 鉛の実効線量透過率 \times コンクリートの実効線量透過率}{(線源から P 点までの距離)^2}$$

$$= \frac{0.31 \times 370 \times 6.5 \times 10^{-1} \times 2.4 \times 10^{-2}}{1^2} = 1.79 \fallingdotseq 1.8 \mu Sv \cdot h^{-1}$$

［Q 点における実効線量率］

$$\frac{実効線量率定数 \times 線源放射能 \times 鉛の実効線量透過率 \times コンクリートの実効線量透過率}{(線源から Q 点までの距離)^2}$$

$$= \frac{0.31 \times 370 \times 6.5 \times 10^{-1} \times 2.4 \times 10^{-2}}{10^2} = 1.79 \times 10^{-2} \fallingdotseq 1.8 \times 10^{-2} \mu Sv \cdot h^{-1}$$

［P 点の 3 月間における実効線量］
　　　$1.8 \times 500 = 900 \mu Sv = 0.9 mSv$

［Q 点の 3 月間における実効線量］
　　　$1.8 \times 10^{-2} \times 2184 = 39.3 \mu Sv \fallingdotseq 40 \mu Sv$

なお，本問では3月間を500時間としていますが，3月間を次のように3月を13週と考えて，520時間とする立場もあります。
　　　8時間×5日×13週＝520時間
　また，管理区域境界は勤務時間に対応させますが，事業所境界は（勤務者以外も含む）一般の人々が対象となり，次のようにすべての時間を計算します。
　　　24時間×7日×13週＝2184時間
　法定の3月間における実効線量の上限値も頭に入れておきましょう。管理区域境界で1.3mSv，事業所境界で250μSvとなっています。

Ⅱ　^{60}Coの半減期は（与えられていませんが）5.3年ですから，1／3に減衰するまでの時間 t は，次式となります。
　　　$1/3 = (1/2)^{t/5.3}$
　両辺の対数をとって整理すると，
　　　$\ln 3 = t/5.3 \cdot \ln 2$
　2と3の自然対数が与えられていますので，
　　　$t = 5.3 \times \ln 3/\ln 2 = 5.3 \times 1.1/0.69 = 8.45 ≒ 8.5$
　次に，Ⅰの結果によれば限度に対する余裕は，以下のようになっています。

境界の区分	計算値	法定限度	対限度比
管理区域境界	0.9mSv	1.3mSv	0.69
事業所境界	40μSv	250μSv	0.16

　これによると，管理区域境界のほうが余裕率は小さいので，管理区域境界について優先的に検討する必要があります。線量は放射能に比例しますので，
　　　370MBq×1.3/0.9 = 534MBq
　これはP点やQ点の実効線量率を計算した方式によっても求められます。すなわち別解として，求める最大放射能を A とすると，
　　　$0.31 \times A \times 6.5 \times 10^{-1} \times 2.4 \times 10^{-2} \times 500 = 1300$μSv
　これを解くと，
　　　$A = 538$MBq
　なお，本問においては「534MBqや538MBqに最も近い選択肢」として「3」を選ぶのではなく，「切り下げて3を選ぶ」のです。安全計算の実務においては，計算の姿勢として，（最も近い数値や，四捨五入などではなく）安全側になるような方向に切り上げあるいは切り捨てを行う必要があります。
　また，2.7GBqの線源に変更する場合の計算として，530MBqで限度になりますので，

管理技術 I

2.7GBq÷530MBq=5.09≒5.1倍

となるように遮へいを追加する必要があります。鉛（半価層1.3cm）の板が何枚必要かを検討します。この板が1枚で半減するのですから、1／5.1倍まで減じるためには、次式のように2枚以上3枚以下の鉛板が必要になることがわかります。

$1/8 (= 1/2^3) < 1/5.1 < 1/4 (= 1/2^2)$

これにより、もともとの1.0cmに加えて2枚（2.6cm）以上3枚（3.9cm）以内の追加が必要となり、合わせて3.6cm～4.9cmの範囲に正解があることになります。選択肢として3.9cmが選べます。

別解として、追加すべき鉛板の枚数を x [枚] とすると、次式を解けばよいことになります。

$1/2^x = 1/5.1$

これを解けば、$x = 2.26$ ですので、追加厚さは、

$1.3 \times 2.26 = 2.94$ cm

選択肢1の2.6cmでは（数値が近いといっても）不足ですので選択肢2を選ぶことになります。ただし、この方程式を筆算で解くにはかなりの工夫が要りますので、試験の際には初めに示したような解法が必要でしょう。

Ⅲ　蛍光ガラス線量計は、放射線照射された銀活性リン酸塩ガラスを紫外線で刺激することにより蛍光を発する現象を利用した線量計で、特徴としては、繰り返し読取りが可能で、フェーディングの影響はフィルムバッジと比べ小さいことや、素子間の特性のばらつきが小さいことなどが挙げられます。

電離箱式サーベイメータは、主として γ（X）線と電離箱壁材との相互作用により発生する二次電子の電離作用で生じる電流を測定することにより放射線を計測しています。一般的に、電離箱式サーベイメータは、NaI（Tl）シンチレーション式サーベイメータと比べ、エネルギー依存性は小さく、感度は低いものとなっています。

問3　解答

Ⅰ　A－3（警察官）　　　B－4（^{137m}Ba）　　C－8（662）
　　D－11（γ）　　　　　E－15（GM管）
Ⅱ　F－3（1cm線量当量）　G－7（3.0）　　　　H－10（17）
　　I－13（63）
Ⅲ　J－1（β）　　　　　K－5（外して）　　　L－13（444）
　　M－8（0.84）　　　　　N－15（されない）　　O－15（されない）

問 3 解説

Ⅰ　A：放射性同位元素が，盗まれたり所在不明になったりした場合は，遅滞なく，その旨を警察官もしくは海上保安官に届けなければなりません。

B～D：^{137}Cs は β^- 壊変（半減期30.04年，94%，放出エネルギー514keV）して ^{137m}Ba になります。この ^{137m}Ba は半減期2.552分で γ 線（662keV）を放出して ^{137}Ba になります。次の壊変系列は永続平衡となります。

$$^{137}\text{Cs} \rightarrow {}^{137m}\text{Ba} \rightarrow {}^{137}\text{Ba}$$

したがって，^{137}Cs は本来 β^- 放出体ではありますが，^{137m}Ba から放出される γ 線の存在から，γ 線源として扱われます。

E：次のような使い分けがなされています。

	熱中性子	α 線	β 線	γ 線
^{3}He 比例計数管	○			
ZnS（Ag）シンチレーション		○		
GM 管			○	○

Ⅱ　F，G：1 cm 線量当量率定数を $\Gamma_{1\text{cm}}$ [μSv・m^2・MBq^{-1}・h^{-1}]，線源強度を Q [MBq]，線源からの距離を r [m] とすると，（正味の）1 cm 線量当量率 D は次のように表せます。

$$D = \Gamma_{1\text{cm}} \cdot Q / r^2$$

本問において，$\Gamma_{1\text{cm}} = 0.090\,\mu\text{Sv}\cdot\text{m}^2\cdot\text{MBq}^{-1}\cdot\text{h}^{-1}$，$Q = 30\,\text{MBq}$，$D = 0.50 - 0.20 = 0.30\,\mu\text{Sv}\cdot\text{h}^{-1}$ ですから，

$$0.30 = 0.090 \times 30/r^2 \quad \therefore \quad r = 3.0\,\text{m}$$

H：使用するサーベイメータにおける線量率と計数率の換算係数を C とすると，

$$C = 3.0\,\mu\text{Sv}\cdot\text{h}^{-1} \div 10\,\text{cps} = 0.3\,\mu\text{Sv}\cdot\text{h}^{-1}\cdot\text{cps}^{-1}$$

これから線量指示値 $0.5\,\mu\text{Sv}\cdot\text{h}^{-1}$ のときの計数率は，

$$0.5\,\mu\text{Sv}\cdot\text{h}^{-1} \div 0.3\,\mu\text{Sv}\cdot\text{h}^{-1}\cdot\text{cps}^{-1} = 5/3\,\text{cps}$$

ここで，時定数が10sということで，相対誤差は時定数の2倍の測定時間の計数値に相当しますので，計数値を n として，相対誤差 $\dfrac{\sqrt{n}}{n} = \dfrac{1}{\sqrt{n}}$ を求めると，

$$\frac{1}{\sqrt{n}} = \frac{1}{\sqrt{(5/3) \times 2 \times 10}} = \frac{\sqrt{3}}{10} \doteqdot 0.17 = 17\%$$

I：時定数が τ [s] のとき，t 秒後の指示値は，最終指示値の $\{1-e^{-t/\tau}\}$ 倍となりますので，次のようになります。

$t = \tau$ [s] のとき，$1 - e^{-1} = 1 - 1/2.7 = 0.63$ より，最終指示値の63%

Ⅱ　J，K：GM管式サーベイメータでは，検出器の窓に取り付けるアルミニウム製などのキャップが付いているものが多くなっています。β 線を測定する際には，このキャップを外して使用します。

L：サーベイメータの指示値が400cps，不感時間が250μs ですので，数え落としを補正した計数率（つまり，真の計数率）を n_0 [cps]，指示値を n [cps]，不感時間を τ [s] とすると，真の計数率は次のように求められます。

$$n_0 = \frac{n}{1-n\tau}$$

$$= \frac{400}{1-400\times 250 \times 10^{-6}} = 444 \text{cps}$$

M：次式において，$r = 0.8\text{m}$，$\Gamma_{1\text{cm}} = 0.090 \mu\text{Sv}\cdot\text{m}^2\cdot\text{MBq}^{-1}\cdot\text{h}^{-1}$，$Q = 30\text{MBq}$ として，

$$D = \Gamma_{1\text{cm}} \cdot Q / r^2 = 30 \times 0.090/0.8^2 = 4.22 \mu\text{Sv}\cdot\text{h}^{-1}$$

所在不明であった期間10週間を考慮すると，最大の被ばく時間は，

$10 \times 5 \times 4 = 200\text{h}$

被ばく線量は，線量率と被ばく時間の積ですから，

$4.22 \mu\text{Sv}\cdot\text{h}^{-1} \times 200\text{h} = 844 \mu\text{Sv} \fallingdotseq 0.84 \text{mSv}$

この結果，10週で0.84mSvということで，法定の線量限度を下回っていると見られます。

問4 解答

Ⅰ　A － 3　(α線)　　　B － 4　(β線)　　　C － 5　(γ線)
　　D － 9　(X線)　　　E － 8　(中性子線)

Ⅱ　F － 1　(α線)　　　G － 2　(β線)　　　H － 12　(非弾性散乱)
　　I － 11　(弾性散乱)　J － 6　(制動放射線)

Ⅲ　K － 9　(光電効果)　　　L － 11　(コンプトン効果)
　　M － 4　(レイリー散乱)　N － 8　(電子対生成)
　　a － 1　(軌道電子)　　　b － 2　(陽電子)
　　ア － 1　(長い)　　　　　イ － 2　(1.022)

問4 解説

Ⅰ　^{222}Rn からは α 線が，^{90}Sr からは β 線が，^{60}Co からは最初に β 線が，引

き続いて（娘核の ^{60}Ni* からの）γ線が放出されます。一般的に，放射性同位元素から放出される放射線に限定すると，α線の空気中での飛程は，数 cm 程度ですが，β線の中には，空気中での飛程が数 m に及ぶものもあります。γ線は原子核内起源の光子であり，原子核外起源の光子である X 線とは区別されています。

　これらの放射線は，α線やβ線のような粒子放射線と，γ線，X 線のような光子に大別されます。さらに，粒子放射線は電荷を持つ荷電粒子線と電荷を持たない中性子線などがあり，中性子線は自発核分裂によっても発生します。

Ⅱ　粒子放射線は原子を構成する軌道電子や原子核と相互作用をしますが，その確率は軌道電子との場合の方が圧倒的に大きくなっています。そのためα線は，その本体である He の原子核の質量が電子に比べてはるかに大きいので，その進行方向が衝突ごとに極端に曲げられることはありません。しかし，β線は，原子との衝突ごとにその運動方向が大きく曲げられ，走行の様子はジグザグになります。これらの粒子放射線はいずれも，飛跡に沿って物質中の原子の励起や電離を起こし，自らの運動エネルギーを失います。この現象は非弾性散乱と呼ばれ，励起や電離の密度は，同じエネルギーで比較すると，α線の方がβ線の場合よりも大きくなります。一方，衝突の前後で粒子放射線の運動エネルギーが保存される現象を弾性散乱と呼びます。

　さらに，β線は，そのエネルギーが高い場合に物質の原子核の近くを通過するとき，原子核の強いクーロン場によって減速され，そのエネルギー損失に相当する制動放射線を発生します。

Ⅲ　光子のエネルギーすべてを吸収して原子内の軌道電子が放出される現象を光電効果と呼びます。放出される電子の得たエネルギーは，光子の全エネルギーではなく，それから軌道電子の束縛エネルギーを差し引いたものです。

　高エネルギーの光子は電子と衝突し，電子を原子から飛び出させると同時に自分自身もエネルギーを失って，波長の長い光子，すなわち，散乱光子となります。このような散乱現象をコンプトン散乱と呼びます。したがって，このようなコンプトン散乱を繰り返しているうちに，光子はそのエネルギーが低下し，ついには光電効果を起こして原子に吸収されます。

　光子のエネルギーが低い場合は，軌道電子の束縛エネルギーの方が高いために，散乱によって光子エネルギーが変化しないことがあり，このような現象をレイリー散乱と呼びます。一方，1.022MeV 以上の高エネルギーの光子が原子核の近傍を通過する際，光子は消滅して，電子とその反粒子である陽電子の対

を生成することがあります。この現象を電子対生成と呼びます。

ここで，M について，原子力安全技術センターからは，4（レイリー散乱）の他に，5（弾性散乱）も誤りとはいえないとして，それらの両方を正解とすることが公告されています。それはその通りですが，文章の流れからすると4（レイリー散乱）が最も妥当と考えられます。

問 5 解答

I A－2（過冷却） B－3（イオン） C－8（陽電子）
 D－1（泡箱） E－3（臭化銀）

II F－3（ウラン） G－2（飛跡Y） H－1（飛跡X）
 I－3（ローレンツ力） J－5（ラドン）
 ア－12（8） イ－11（6） ウ－1（－2）
 エ－3（7,400） オ－5（1）

III カ－4（$\frac{3}{2}$） キ－8（2.8） ク－4（0.4）
 ケ－6（1.1） コ－14（900）

問 5 解説

I 空気に含まれるエタノールの蒸気圧には上限（飽和蒸気圧）があり，この上限を超えると，蒸気の一部が凝縮し液体となります。しかし，蒸気を含む空気を静かに冷却すると，飽和蒸気圧を超えても凝縮が起こらない過冷却状態を生じることがあります。この過冷却状態にある空気中を荷電粒子線が通過すると，空気中に生成したイオンを核として蒸気の凝縮がおきるため，飛跡が液滴の連なりとして飛行機雲のように観測されます。

 C.D. アンダーソンは，電子と同じ質量で，磁場により電子とは反対に曲がる飛跡を確認して陽電子の存在を証明しています。

 しかし，気体で放射線を検出する霧箱は感度が低く，研究の現場では液体で検出する泡箱や，固体で検出する原子核乾板に次第に置き換えられていきました。泡箱は，飛跡に沿って液体が気化する様子を観察する装置です。また，原子核乾板は，X線フィルムの写真乳剤の部分を厚くして感度を高めたものです。写真乳剤は臭化銀などの微粒子をゼラチンに分散させたもので，荷電粒子の電離作用で生じた潜像を現像処理した後，顕微鏡などで飛跡を観察します。

II 鉱石に含まれる $^{238}_{92}$U はウラン系列に属し，極めて長い間に合計 8 回の α 壊変と 6 回の β 壊変を経て安定元素の $^{206}_{82}$Pb になります。その回数の求め方は以下のようになります。すなわち，この過程では，α 壊変で質量数が 1 回に 4

197

だけ減り，β壊変では原子番号が1だけ増えますので，
　　α壊変：(238－206)÷4＝8回
　　β壊変：(92－86)÷1＝6回

　霧箱の内側にエタノールを塗布し静かに冷却すると，やがて線源から放射状にのびる飛跡が観察されます。飛跡には，細くて長い飛跡（飛跡X，β線起因）と，太くて短い飛跡（飛跡Y，α線起因）の2種類があり，線源を紙（厚さ0.1mm程度）で遮蔽すると，このXとYのうちα粒子は大きくて紙で容易に遮蔽されて飛跡Yは観察されなくなります。また，紙を取り除いてから，線源に磁石を近づけると，XとYのうち質量の大きいα線の飛跡Xがより大きく曲げられることになります。

　一方のみが紙を透過するのは阻止能の違いによるものです。阻止能は，荷電粒子の種類や運動エネルギーにより大きく異なります。非相対論的に考えられるエネルギーの範囲では，荷電粒子と物質との相互作用におけるエネルギー損失は粒子速度の－2乗に比例します。α粒子の静止質量はβ粒子の静止質量の約7,400倍（電子が陽子や中性子の約1/1,840の質量であることを使えば，$1,840 \times 4 = 7,360$）ですから，$\sqrt{7360} \fallingdotseq 85.8$によってβ粒子は同じ運動エネルギーを持つα粒子よりも100倍近い，つまり2桁程度大きな速度を有します。

　また，飛跡が磁石の近傍で曲がるのは，荷電粒子が磁場によりローレンツ力を受けるためです。真空中において粒子が一様な磁場に対して垂直に入射すると，粒子はこの力により円運動をします。この円運動の半径（サイクロトロン半径）は，荷電粒子の電荷の－1乗に比例し，速度の1乗に比例し，質量の1乗に比例します。したがってα粒子よりもβ粒子の方が大きく曲げられやすいと定性的に理解されます。

　さらに，気をつけて観察すると，線源とは関係のない位置にも飛跡Yと似た飛跡が見られます。これは，$^{238}_{92}$Uの壊変系列には希ガスであるラドンが含まれることから，霧箱中を浮遊するラドンが原因の1つではないかと考えられます。

Ⅲ　空気中におけるα線の飛程の推定には，
$$R_1 = 0.318 E_1^{3/2} \quad \cdots\cdots\cdots\cdots\cdots\cdots\cdots\cdots\cdots\cdots\cdots\cdots\cdots\cdots\cdots ①$$
の関係式がしばしば用いられます（3/2はE_1の指数）。ここで，R_1は1気圧15℃における飛程[cm]，E_1はα線のエネルギー[MeV]です。①式で計算すると，^{238}Uから放出される4.2MeVのα線の空気中における飛程は，次のように約2.8cmとなります。
$$0.318 \times 4.2^{3/2} = 0.318 \times 4.2 \times 4.2^{1/2} \fallingdotseq 0.318 \times 4.2 \times 2 = 2.67$$

この計算は $4.2^{1/2} \fallingdotseq 2$ という近似を使っていますが，選択肢を選ぶだけならこれだけで2.8が選べます．正式に計算するとより近い数値になります．

^{234m}Pa から放出される2.3MeVのβ線のアルミニウム中の最大飛程を②式で計算すると，約1,100mg・cm^{-2} となります．アルミニウムの密度は2.7g・cm^{-3} であるから，cm単位に直せば約0.4cmとなりますが，それは次のような計算によります．

$1100 \times 10^{-3}/2.7 = 0.4074 \fallingdotseq 0.4$

また，このβ線の最大飛程は，次のような計算によって，水中では約1.1cm，空気中（1気圧15℃，密度を1.2×10^{-3}g・cm^{-3}として）では約900cmと算出されます．

$1100 \times 10^{-3}/1.0 = 1.1$ cm

$1100 \times 10^{-3}/(1.2 \times 10^{-3}) = 916.7 \fallingdotseq 900$ cm

問題を解く時に，図や表などを書いてみることは結構役に立つものですよ

コラム　アレニウスってだれ？

　アレニウスの酸の定義やアレニウスの式で，名前はよくお目にかかりますが，実際どんな人だったかあまり知られていませんね。

　スヴァンテ・アレニウス（1859年～1927年）はスウェーデンの科学者で，物理学や化学の分野で活躍した人です。物理化学の創始者の1人ともいえる人で，1903年に電解質の解離の理論に関する業績によって，ノーベル化学賞を受賞しています。

　酸と塩基に対する「アレニウスの定義」が有名ですが，化学反応の速度の温度依存性を表す式であるアレニウスの式も有名ですね。アレニウスの式は，

$$e^{-E/RT} = \exp(-E/RT)$$

という形で表されますが，これは化学反応速度の温度依存性にとどまらず，多くの化学や物理の物性定数の温度依存性を表します。

　また，さらに，現代的な意義のあることで，地球温暖化の原因である二酸化炭素の温室効果について初めて言及した科学者でもあります。

二酸化炭素に温室効果があることを最初にいったのは何を隠そう，かくいう私，アレニウスです

管理技術 II

問1 解答 1 **解説** A 質量エネルギー吸収係数は，線減弱係数 [m^{-1}] を，密度 [kg·m^{-3}] で割ったものです。したがって，次のようになります。正しい組み合わせです。

$$[m^{-1}] \div [kg \cdot m^{-3}] = [m^2 \cdot kg^{-1}]$$

B 核反応断面積は，名前の通り断面積ですので，[m^2] です。ただ，原子核の大きさが一般に 10^{-12} cm 程度ですので，σ の単位は，次の b（barn）を用いて表現されることが多くなっています。

$$1b = 10^{-24} cm^2$$

C 中性子束密度（中性子数）は，中性子フルエンス率，すなわち粒子フルエンス率 [m^{-2}·s^{-1}] と同じ単位になります。

D 預託実効線量は，基本的に等価線量 [Sv] と実効線量 [Sv] などと同じで，単純に Sv です。

問2 解答 1 **解説** A 正しい組合せです。ウラン系列は ^{238}U に始まり，質量数は n を整数として，$4n+2$ で表されます。

B 誤った組合せです。ネプツニウム系列は ^{237}Np に始まり，質量数は $4n+1$ で表される系列です。

C 正しい組合せです。トリウム系列は ^{232}Th に始まり，質量数が $4n$ で表される系列です。

D 正しい組合せです。アクチニウム系列は ^{235}U に始まり，質量数は $4n+3$ で表されます。

表 天然の放射性壊変系列

系列	質量数	開始核種	最終核種
トリウム系列	$4n$	^{232}Th	^{208}Pb
ネプツニウム系列	$4n+1$	^{237}Np	^{205}Tl
ウラン系列	$4n+2$	^{238}U	^{206}Pb
アクチニウム系列	$4n+3$	^{235}U	^{207}Pb

問3 解答 1 **解説** A〜C 記述のとおりです。中性子数が同一の核種を同中性子体，陽子数が同一で中性子数が異なる核種を同位体，中性子数と陽子数を足した値が同一の核種を同重体（質量数が同じもの）といいます。

D 記述は誤りです。核異性体どうしは，中性子数も陽子数も等しいものですが，エネルギー的な状態が異なっています。

問4 解答 2 解説 壊変する核種の原子数 N は，壊変定数を λ として，次の基礎式に従います。すなわち，

$-dN/dt = \lambda N$

また，これが放射能 A ですから，

$A = -dN/dt = \lambda N$

壊変定数 λ と半減期 T の関係は，$\lambda = \ln 2/T \fallingdotseq 0.693/T$ ですので，本問では，

$\lambda = 0.693/6.4 \times 10^6 = 1.08 \times 10^{-7}$

選択肢は，桁数だけをきいていますので，$\lambda = 1 \times 10^{-7}$ として扱ってかまいません。以下，有効数字を1桁で計算します。

放射能 $A = 740 \times 10^9$ ですので，原子数 N は，

$N = A/\lambda = (740 \times 10^9)/(1 \times 10^{-7}) = 7.4 \times 10^{18}$

一方，アボガドロ数 N_A を 6×10^{23} として，質量数192を用いれば，求める質量 M [g] は，

$M = 192\ [\text{g/mol}] \times N\ [\text{個}]\ /N_A\ [\text{個/mol}] = 192 \times 7.4 \times 10^{18}/(6 \times 10^{23})$

$\fallingdotseq 200 \times 7 \times 10^{18}/(6 \times 10^{23}) = (7/3) \times 10^{-3} \fallingdotseq 2.2 \times 10^{-3} = 0.0022$

問5 解答 3 解説 反跳電子の最大エネルギーは，光子が180°の方向に散乱されるときに当たります。

静止している電子（静止質量 m_0）にエネルギー $h\nu$ の光子（運動量 $h\nu/c$）が衝突する際，電子（**反跳電子**）は反跳角 ϕ の方向にエネルギー mc^2，運動量 p で弾き飛ばされたとし，光子は散乱角 θ の方向にエネルギー $h\nu'$，運動量 $h\nu'/c$ で散乱したとすると，次のような関係が成り立ちます。

$h\nu' = \dfrac{h\nu}{1 + \dfrac{h\nu}{m_0 c^2}(1-\cos\theta)}$

^{137}Cs から放出される γ 線のエネルギーは $0.662\text{MeV} = 662\text{keV}$ ですので（この値は重要です），この値と，$m_0 c^2 = 511\text{keV}$（電子の静止質量相当）および $\theta = 180°$（$\cos 180° = -1$）により，散乱光子の $h\nu'$ は，

$h\nu' = 662/(1 + 662 \times 2/511) = 184\text{keV}$

これは散乱光子のエネルギーであり，求める反跳電子のエネルギーは，差し引いて，

$662 - 184 = 478\text{keV}$

問6 解答 2 **解説** A　記述のとおりです。β^-壊変は，中性子が陽子に変化するものであって，中性子数の過剰な原子核で起こりやすいものです。
B　記述は誤りです。β^+壊変は，β^-壊変とは逆で，陽子が中性子に変化しますので，陽子が1個減ります。すなわち，原子番号も1だけ減ります。
C　記述のとおりです。β線が連続スペクトルを示すのは，ニュートリノが壊変エネルギーの一部を持ち去るためです。
D　記述は誤りです。EC壊変（電子捕獲）では，陽子が軌道電子を捕えて中性子に変化します。したがって，Bのβ^+壊変と同様に原子番号は1だけ減ります。

問7 解答 2 **解説**　物質中を重荷電粒子が進行する際には，その阻止能は，zを粒子の価数，vを粒子速度，nを物質の単位体積当たりの原子数，Zを物質の原子番号とするとき，次式に比例します。

$$z^2 n Z / v^2$$

すなわち，物質の原子番号の1乗に比例し，荷電粒子の電荷の2乗に比例し，速度の-2乗に比例します。

問8 解答 4 **解説** A　ガスフロー型比例計数管は，電子-正孔対の数に比例したパルス数の測定ではなく，荷電粒子によって生成された電子-イオン対数に比例したパルス波高の測定になります。
B　半導体検出器は，空乏層で起こる電離にともなうパルス波高の測定ということで正しい組合せです。
C　シンチレーション検出器は，吸収エネルギーに比例した蛍光（発光量）の測定に用いることで正しいものとなっています。
D　電離箱は，電子-イオン対の数に比例した電流の測定を行います。

問9 解答 4 **解説**　分解時間をT [s]，（見かけの）計数率をn [cps = s^{-1}]とすると，真の計数率n_0は，次の式で求められます。つまり，検出器が働いている時間の計数率に換算していることになります。

$$n_0 = \frac{n}{1 - nT} \ [\text{s}^{-1}]$$

本問において，$n = 36{,}000$ cpm $= 600$ cps（分解時間の単位に合わせます），$T = 200 \times 10^{-6}$ s を代入すると，

$$n_0 = \frac{600}{1 - 600 \times 200 \times 10^{-6}} = \frac{600}{1 - 0.12} = \frac{600}{0.88} = 681.8$$

したがって，数え落としは，
681.8 − 600 = 81.8cps = 4,908cpm ≒ 4,900cpm

問10 解答 3 **解説** 計数値 x の標準偏差を σ で表すと，相対誤差（相対標準偏差）は σ/x ですが，正規分布に従う計数値 x の標準偏差は $\sqrt{x}$ ですので，相対誤差は，次のようになります。

$$\frac{\sigma}{x} = \frac{\sqrt{x}}{x} = \frac{1}{\sqrt{x}}$$

本問において，これを5％以内におさえるということですので，

$$\frac{1}{\sqrt{x}} \leq 0.05$$

$x \geq 0$ ですから両辺の逆数をとって，不等号の向きを変えれば，

$$\sqrt{x} \geq 20 \quad \therefore \quad x \geq 400$$

問11 解答 4 **解説** A　GM計数管は蛍光作用を利用してはいません。気体の電離作用によって，電子なだれに伴うパルスを発生させて計測します。
B　比例計数管も蛍光作用を利用してはいません。やはり気体の電離作用を用いています。
C　半導体検出器も蛍光作用を利用してはいません。これは，固体の電離作用を利用する検出器です。空乏層に生じた電子－正孔対の数に比例した電流の検出を行います。
D　シンチレーション検出器は，固体または液体の蛍光作用を利用しています。吸収したエネルギーに比例した発光が起こります。

問12 解答 4 **解説** エネルギー分解能とは，エネルギー測定の精度を表す指標で，一般にピークの半値幅をピークのエネルギーで割ったものとして表現されます。
　γ線は基本的に線スペクトルですが，実際の測定においては，多くの要因のため，スペクトルにある程度の広がりが出てきます。エネルギー分解能が高いものほど，シャープなピークとなります。エネルギー・ピークが等しい場合には，半値幅が狭いほどエネルギー分解能が優れていることになります。
　4のGe半導体検出器では，バンドギャップが0.67eVと低いので，極めて高いエネルギー分解能が実現できます。5のCdTe半導体検出器のバンドギャップは1.4eVとやや大きいので，Ge半導体検出器よりも劣ります。
　また，1～3などのシンチレーション検出器では，シンチレーション効率の

問題により，検出損失が起こりやすく，半導体検出器よりエネルギー分解能は劣ります。

問13 解答 1 **解説** A 記述のとおりです。プラスチックシンチレータの蛍光寿命は，一般に数 ns で，数 μs である NaI（Tl）よりも短くなっています。これが短いほど高い計数率で計測できます。

B 記述は誤りです。CsI（Tl）の蛍光ピーク波長は，540nm で，NaI（Tl）の 415nm よりも長くなっています。フォトダイオードを用いる場合，波長が長い方が電子変換効率は高くなります。

C 記述のとおりです。BGO の密度は $7.1 \mathrm{g \cdot cm^{-3}}$ で，NaI（Tl）の $3.7 \mathrm{g \cdot cm^{-3}}$ よりも非常に大きいものとなっています。BGO は $Bi_4Ge_3O_{12}$ という組成式の物質で，NaI（Tl）よりも実効原子番号が大きい分だけ γ 線の検出効率も高くなっています。

D 記述のとおりです。$LaBr_3$（Ce）の吸収エネルギー当たりの発光量（光子数）は，NaI（Tl）よりも大きいものとなっていて，それだけエネルギー分解能も高いです。

問14 解答 5 **解説** 1 cm 線量当量率定数を Γ_{1cm} ［$\mu Sv \cdot m^2 \cdot MBq^{-1} \cdot h^{-1}$］，線源強度を Q ［MBq］，線源からの距離を r ［m］とすると，1 cm 線量当量率 D は次のように表されます。

$$D = \Gamma_{1cm} \cdot Q / r^2$$

本問において $D = 20 \mu Sv \cdot h^{-1}$，$r = 2m$，$\Gamma_{1cm} = 0.093 \mu Sv \cdot m^2 \cdot MBq \cdot h^{-1}$ ということなので，これらを用いて放射能 Q を求めると，

$$Q = D \cdot r^2 / \Gamma_{1cm} = 20 \times 2^2 / 0.093 = 860 MBq$$

問15 解答 2 **解説** A 正しい組合せです。^{60}Co は低エネルギーの β 線と 2 本の γ 線を放出する線源で，NaI（Tl）シンチレーション検出器は，γ 線測定用のサーベイメータとして利用されます。

B 誤った組合せです。^{63}Ni は低エネルギーの β 線源ですが，CsI（Tl）シンチレーション検出器は，γ 線測定用のシンチレータです。ミスマッチです。

C 正しい組合せです。^{137}Cs 自体は β^- 放出体ですが，その娘核種の ^{137m}Ba が γ 線放出体（0.662MeV）ですので，β 線と γ 線のサーベイメータとして GM 計数管が用いられます。

D 誤った組合せです。^{192}Ir は高エネルギー γ 線源ですが，^3He 比例計数管は熱中性子検出器であって，^{192}Ir のサーベイメータとしては利用できませ

ん。

問 16 解答 4 **解説** γ線のエネルギー値を比較するという問題です。まとめますので次表をご覧下さい。

核種	主要なγ線のエネルギー
^{60}Co	1.173MeV, 1.333MeV
^{137}Cs	0.662MeV
^{192}Ir	0.296MeV, 0.308MeV, 0.317MeV, 0.468MeV
^{241}Am	0.0595MeV

問 17 解答 1 **解説** A 適切な組合せです。^{137}Cs の娘核種の ^{137m}Ba からのγ線が用いられます。
B 適切な組合せです。ECD ガスクロマトグラフは，^{63}Ni からの低エネルギーβ線を用いてガスを電離し，電離電流を測定します。
C 適切な組合せです。^{85}Kr も低エネルギーβ線源で，これによりごく薄い紙やビニルシートなどの厚さを測定します。
D 不適切です。^{60}Co は，非破壊検査装置で用いられるのですが，β線ではなくγ線が用いられます。
E 不適切です。^{241}Am はオイルゲージなどの密度計に用いられますが，これもβ線ではなくγ線が用いられます。

問 18 解答 3 **解説** 一見難しい問題と思えるかもしれませんが，よく見ると図の(a)〜(c)の曲線が距離（高さ）の何乗に比例する形となっているかを読み取る問題ですね。

(a)は線源の位置（高さ，距離）に関係なく一定ですから，距離の0乗に比例すると判断します。

また，線源が約0.1mの高さにあるとすると，(b)はその約10倍の高さの約1.0mのときに $0.1 = 10^{-1}$ の強度になっていますので，距離の−1乗に比例（1乗に反比例）していますし，(c)では約1.0mのときに $0.01 = 10^{-2}$ の強度ですので，距離の−2乗に比例（2乗に反比例）しています。

本来，距離の2乗に反比例するのが，（空間に球状に薄まりつつ広がっていきますので，球の表面積で割ったものが一定という形の）万有引力やクーロンの法則と同様に，点線源です。これが(c)に対応します。

また，無限の広がりを持つ面線源は，（空気減衰がないものとすると）基本的に減衰しません。平面状にそのままスライドしてゆく形なので，減衰はありません。放射能の進行方向に対して垂直な断面積が変わらないのです。したがって，0乗に比例することになり，(a)が該当します。

この問題には出ていませんが，無限に長い直線状の線源（線線源）は，－1乗に比例（反比例）します。それが(b)に当たります。線源の放射能をQ，距離rの位置における放射能をAとして表にまとめると，次のようになります。

表 距離のn乗に比例する線源（kは比例定数）

線源の種類	N	放射能の式
点線源	-2	$A = kQr^{-2}$
線線源	-1	$A = kQr^{-1}$
面線源	0	$A = kQ\ (= kQr^0)$

問19 解答 5 **解説** 正しい語句を入れて完成させたものを次に示します。それぞれの用語をよく確認しておきましょう。特に吸収線量，等価線量および実効線量の意味とそれらの違いを把握しておいて下さい。

> 放射線防護のための線量として，組織・臓器の吸収線量に放射線加重係数を乗じた等価線量があり，各組織・臓器の被ばく線量の評価に用いられる。更にその等価線量に，組織加重係数をかけて得た値をすべての組織・臓器について合計したものが実効線量である。

問20 解答 3 **解説** 物理的半減期をT_p，生物学的半減期をT_bで表すと，これらと有効半減期T_{eff}とは次のような関係があります。

$$\frac{1}{T_{eff}} = \frac{1}{T_p} + \frac{1}{T_b}$$

本問では，$T_p = 60$，$T_b = 120$として，
$1/T_{eff} = 1/60 + 1/120 = 2/120 + 1/120 = 3/120 = 1/40$ ∴ $T_{eff} = 40$日

問21 解答 4 **解説** A 記述は誤りです。熱ルミネセンス線量計（TLD）は，50℃以下の状態ではフェーディングはある程度小さいのですが，無視できるほどではありません。

B　記述のとおりです。蛍光ガラス線量計は，読み取り中心が消滅しませんので，繰り返し読み取りが可能です。
C　記述は誤りです。フィルムバッジはエネルギー依存性が大きく，ことに数10keV付近で最大になります。「特性がよい」というのが誤りです。
D　記述のとおりです。OSL線量計は，γ線では0.01mSv〜10Sv，β線でも0.1mSv〜10Svの線量が測定できます。

問22 解答　2　解説　A　記述のとおりです。1cm線量当量は，実効線量の実用量として用いられます。また，目と皮膚以外の臓器および組織に対する等価線量の実用量でもあります。
B　記述は誤りです。皮膚の等価線量は，3mm線量当量ではなく，もっと薄い基準として，70μm線量当量で表されます。
　なお，3mm線量当量は，従来眼の水晶体の等価線量とされてきましたが，3mm線量当量は，1cm線量当量の数値も70μm線量当量の数値も超えないものなので，現在では（安全側になるように）眼の水晶体の等価線量は，1cm線量当量と70μm線量当量の大きい方を採用することになっています。
C　記述のとおりです。線量当量の単位はすべてSvです。
D　記述は誤りです。個人被ばく線量計の校正には，ICRU球ではなく，30×30×15cmのICRUスラブファントムというものが用いられます。ICRU球は，場のモニタリングのための1cm線量当量の定義のために用いられます。

問23 解答　3　解説　実効線量率定数をΓ［μSv・m^2・MBq^{-1}・h^{-1}］，線源強度をQ［MBq］，線源からの距離をr［m］とすると，実効線量率Dは次のように表されます。
　　$D = \Gamma \cdot Q / r^2$
この式に$Q = 500$，$\Gamma = 0.12$，$r = 2$を代入して，実効線量率Dを求めると，
　　$D = 0.12 \times 500/2^2 = 15.0 \mu\mathrm{Sv} \cdot \mathrm{h}^{-1}$
作業が30分間ですので，この作業における実効線量は，
　　$15.0 \mu\mathrm{Sv} \cdot \mathrm{h}^{-1} \times (30/60) = 7.5 \mu\mathrm{Sv}$

問24 解答　3　解説　A　記述のとおりです。核種の化学形によって，生体内の挙動も変化しますので，生物学的半減期も異なります。
B　記述は誤りです。生物効果比（RBE）と生物学的半減期は関係がありませ

ん。RBE は，放射線の線質（LET）の差による影響の違いを表す指標です。
C　記述のとおりです。組織によって異なります。蓄積しやすい組織も蓄積しにくい組織もあります。
D　記述のとおりです。内部被ばくに関する概念として，体内摂取後のある期間にある臓器・組織に与えられる線量の時間的積分値（積算値）を預託線量といっています。預託線量には，預託等価線量と預託実効線量とがありますが，生物学的半減期は預託線量の計算の基礎となります。

問 25　解答　1　解説　A　記述のとおりです。LET とは，荷電粒子の単位飛跡当たりのエネルギー付与のことで単位は keV/μm となっています。
B　記述のとおりです。低 LET 放射線による照射では，細胞生存率曲線に肩が見られる確率が高くなっていますが，これは亜致死損傷が蓄積される結果と考えられています。
C　記述のとおりです。クラスター損傷とは，数 nm の近さの中で近接して DNA 損傷が起こるものをいいます。高 LET 放射線は，低 LET 放射線に比べて，電離密度も高いため DNA クラスター損傷を起こす確率が高くなっています。
D　記述は誤りです。高 LET 放射線は，低 LET 放射線に比べてエネルギーが強く直接に作用してしまうため，酸素効果のような修飾作用は小さいです。

問 26　解答　4　解説　A　記述は誤りです。過去に血管造影剤として用いられた二酸化トリウム（トロトラスト）は肝臓に蓄積して肝がんの発生率を高めたことがあります。
B　記述のとおりです。ラドンは希ガスですので，気体状で吸入することが起こります。吸入後にラドンが壊変した子孫核種によって，肺がんのリスクが高まることになります。
C　記述のとおりです。放射性ストロンチウムが体内に入ると，ストロンチウムはカルシウムと同列（同族）の元素ですので，骨に蓄積しやすく，骨の悪性腫瘍発生のリスクが高まります。
D　記述のとおりです。放射性ヨウ素は主に甲状腺に集積しやすい元素ですので，甲状腺がんのリスクが高まります。
E　放射性セシウムは，ナトリウムやカリウムと同族ですので，全身に行きわたり，主に筋肉などに蓄積します。主に脂肪組織に集積するというのは誤りです。

問 27 解答 1　**解説**　50mGy ＝ 0.05Gy です。これをもとに判断します。
1　記述のとおりです。臨床的変化は観察されません。成人の場合，最も低いしきい線量は，男性の一時的不妊の 0.15Gy です。
2　記述は誤りです。脱毛のしきい線量は 3 Gy とされています。
3　記述は誤りです。放射線宿酔のしきい線量は 1 Gy です。
4　記述は誤りです。一時的不妊のしきい線量は，男性で 0.15Gy，女性では 0.65～1.5Gy です。
5　記述は誤りです。リンパ球数減少のしきい線量は 0.25Gy とされます。

問 28 解答 5　**解説**　確定的影響と確率的影響を整理します。

表　放射線障害の分類

臨床医学的分類 （影響範囲と発症時期による分類）		疾患の例	社会医学的分類 （発症率・発病プロセスの差による分類）
身体的影響 （本人影響）	急性障害 （早発性障害）	急性放射線症候群（宿酔，口内炎等），不妊，骨髄炎，乾性皮膚炎，造血機能不全，皮膚萎縮，皮膚紅斑，水晶体混濁，再生不良性貧血等	確定的影響
	晩発障害 （晩発性障害）	放射線性白内障，胎児影響（胎児奇形など），老化現象（加齢現象）等	
		悪性腫瘍（各種のがん，悪性リンパ腫，白血病，骨肉腫等）	確率的影響
遺伝的影響（子孫影響）		染色体異常（突然変異）	

問 29 解答 5　**解説**　しきい線量のあるものが確定的影響，ないものが確率的影響です。確率的影響には，遺伝的影響と発がんとがありますが，A（皮膚がん）および B（骨髄性白血病）がそれに当たります。つまり，この 2 つがしきい線量のないものです。

その他の，C（一時的不妊）および D（造血機能低下）が，「しきい線量のあるもの」となります。

問 30 解答 5　**解説**　A　記述は誤りです。X線撮影で造影剤を用いるのは，X線が造影材を透過しやすい性質ではなく，透過しにくい性質を利用して目的部位の撮影をしています。

B　記述のとおりです。X線CTは，標的組織・臓器のX線減弱係数値をコンピュータ処理し，画像化しています。

C　記述のとおりです。ガンマナイフによる治療は，^{60}Coγ線を病巣部に集中照射する定位放射線治療法です。

D　記述のとおりです。PET診断では，ポジトロン（陽電子，電子の反物質）が電子と結合して消滅する際に発生する，一対の消滅放射線の信号をキャッチして計数しています。

試験では途中であきらめずに最後までがんばりましょう

法令

問1 解答 2 解説 法第2条第2項に関わる令第1条第5号に基づいて出されている下記の告示（平成17年文部科学省告示第76号）において，^{125}Iと^{198}Auが規定されています。これは知っていないと解きにくい，非常に高度な問題といえるでしょう。

（平成17年文部科学省告示第76号）
　薬事法施行令別表第1器具器械の項第10号に掲げる放射性物質診療用器具であって，人の疾病の治療に使用することを目的として，人体内に挿入されたもの（人体内から再び取り出す意図をもたずに挿入されたものであって，よう素125または金198を装備しているものに限る。）

問2 解答 4 解説 法第3条（使用の許可）および法第3条の2（使用の届出）に関する問題です。1個当たりの数量が下限数量の1,000倍を超える密封された放射性同位元素を使用しようとする場合には，あらかじめ，「使用の許可」の申請をして，許可を得なければなりません。また，1個当たりの数量が下限数量の1,000倍以下の密封された放射性同位元素を使用しようとする場合には，あらかじめ，「使用の届出」を行うこととされています。

本問において，これまで使用してきたディテクタの^{63}Niの数量370MBqは，^{63}Niの下限数量（100MBq）の1,000倍（100GBq）以下ですので，「届出使用者」に相当していました（10台の使用でも分散して使用していますので，合算の必要はありません）。今回の変更は，「使用の場所」の変更になりますので，「届出使用に係る変更」の届出が必要となります。

問3 解答 5 解説 法第3条（使用の許可）第2項に関係条項があります。選択肢のA〜Dはいずれも挙げられています。

問4 解答 2 解説 法第3条の2に次の項目が挙げられています。

- 一　氏名または名称および住所並びに法人にあっては，その代表者の氏名
- 二　放射性同位元素の種類，密封の有無および数量
- 三　使用の目的および方法
- 四　使用の場所
- 五　貯蔵施設の位置，構造，設備および貯蔵能力

したがって，AおよびBが該当します。

問5　解答　3　解説　細かいことが問われています。A，CおよびDはそれぞれどう考えても標識が必要ですね。ただし，Bの「表示付認証機器」は，届出の規定にしても，一般の「放射性同位元素の使用」などに比べて緩い規定になっていることに注意しましょう。

問6　解答　1　解説　法第3条の3（表示付認証機器の使用をする者の届出）第1項を次に示します。AおよびBは該当しますが，Cは文言が違っていますね。また，Dの「保管の場所」は届出事項にはなっていません。

> 第3条の3　第3条第1項ただし書および前条第1項ただし書に規定する表示付認証機器の使用をする者（以下「表示付認証機器使用者」という。）は，政令で定めるところにより，当該表示付認証機器の使用の開始の日から30日以内に，次の事項を原子力規制委員会に届け出なければならない。
> 一　氏名または名称および住所並びに法人にあっては，その代表者の氏名
> 二　表示付認証機器の第十二条の六に規定する認証番号および台数
> 三　使用の目的および方法

問7　解答　1　解説　法第10条（使用施設等の変更）第6項を次に示します。Dの非破壊検査が該当することがわかります。

> 法第10条　1～5　（略）
> 6　許可使用者は，使用の目的，密封の有無等に応じて政令で定める数量以下の放射性同位元素または政令で定める放射線発生装置を，非破壊検査その他政令で定める目的のため一時的に使用をする場合において，第3条第2項第4号に掲げる事項を変更しようとするときには，原子力規制委員会規則で定めるところにより，あらかじめ，その旨を原子力規制委員会に届け出なければならない。

また，令第9条第1項（許可使用に係る使用の場所の一時的変更の届出）に次の規定があります。

> 令第9条　法第10条第6項に規定する政令で定める放射性同位元素の数量は，密封された放射性同位元素について，3テラベクレルを超えない範囲内で放射性同位元素の種類に応じて原子力規制委員会が定める数量とし，同項に規定す

る政令で定める放射性同位元素の使用の目的は，次に掲げるものとする。
一　地下検層
二　河床洗掘調査
三　展覧，展示または講習のためにする実演
四　機械，装置等の校正検査
五　物の密度，質量または組成の調査で原子力規制委員会が指定するもの

Cは，上記の令第9条第1項第2号により該当します。そして，この条文と以下に示す文部科学省告示により，Aの「ガンマ線密度計による物質の密度の調査」が該当します。

（平成17年文部科学省告示第80号）
　放射性同位元素等による放射線障害の防止に関する法律施行令第9条第1項第5号の規定に基づき，使用の目的として次のものを指定する。
一　ガスクロマトグラフによる空気中の有害物質等の質量の調査
二　蛍光エックス線分析装置による物質の組成の調査
三　ガンマ線密度計による物質の密度の調査
四　中性子水分計による土壌中の水分の質量の調査

問8　解答　2　解説　法第8条（許可の条件）を次に示します。選択肢の意味はそれぞれ似たようなものですが，法律の条文に採用されている用語や語句が「正」となります。どのような表現になっているかを確認しておきましょう。

　第8条　第3条第1項本文または第4条の2第1項の許可には，条件を付することができる。
　2　前項の条件は，放射線障害を防止するため必要な最小限度のものに限り，かつ，許可を受ける者に不当な義務を課することとならないものでなければならない。

問9　解答　4　解説　第1回の問10解説に掲載した法第12条（許可証の再交付）と則第14条（許可証の再交付）を参照して下さい。それぞれ確認しておきましょう。
A　許可証を損じたことを届け出る義務はありません。また，再交付申請の期限もありません。
B　許可証を汚した者が許可証再交付申請書を原子力規制委員会に提出する場

合に，その許可証をこれに添えなければならないことは，則第14条第2項に規定されています。
C　許可証を失ったことを届け出る義務もありません。もちろんその期限もありません。
D　許可証を失った者が許可証再交付申請書を原子力規制委員会に提出する場合に，その許可証の写しをこれに添えるという規定はありません（あらかじめ写しをとっておけば可能ですが）。通常は，失ったものの写しを取れとはいわないでしょう。
E　許可証を失って再交付を受けた許可使用者が，失った許可証を発見したときは，速やかに，その許可証を原子力規制委員会に返納しなければならないという規定は，則第14条第3項ですね。

問10　解答　3　解説　軽微な変更の規定については，第2回問10解説に法第10条第2項に係る則9条の2を示しましたので参照して下さい。
A　使用施設の廃止は，則9条の2第4号に該当します。
B　貯蔵施設の貯蔵能力の減少であっても，貯蔵容器の変更は「軽微な変更」にはなりません。あらかじめ，許可使用に係る変更の許可を受ける必要があります。
C　放射性同位元素の数量の減少は，則9条の2第2号に該当します。
D　工事を伴わないもので，使用施設の管理区域を拡大する場合には，「軽微な変更」に当たります。則第9条の2に加えて，平成17年文部科学省告示第81号第1条第3号にて，則第9条第5号の「使用の方法または使用施設，貯蔵施設もしくは廃棄施設の位置，構造もしくは設備の変更であって，原子力規制委員会の定めるもの」に該当することになっています。

問11　解答　3　解説　法第12条の2第3項からの出題です。

　3　設計認証または特定設計認証を受けようとする者は，次の事項を記載した申請書を原子力規制委員会または登録認証機関に提出しなければならない。
　一　氏名または名称および住所並びに法人にあっては，その代表者の氏名
　二　放射性同位元素装備機器の名称および用途
　三　放射性同位元素装備機器に装備する放射性同位元素の種類および数量

A　法第12条の2第3項第1号で規定されています。
B　放射性同位元素装備機器の年間使用時間は，記載することにはなっていません。ただこれは若干難易度の高い問題で，かつよく出題されているものな

ので注意が必要です。「設計認証」を受ける場合には，「放射性同位元素装備機器の年間使用時間」の記載が求められますが，本問の「特定設計認証」の場合には，その記載は必要ありません（法第12条の2第4項）。
C　法第12条の2第3項第2号で規定されています。
D　法第12条の2第3項第3号で規定されています。
E　放射性同位元素装備機器の保管を委託する者の氏名または名称については，これも記載することにはなっていません。「保管の委託」はあまり製造する場合の本質的なことではありませんね。

問12　解答　2　解説　法第13条（使用施設等の基準適合義務）第2項からの出題です。その条文を以下に掲載します。届出使用者の有する放射線施設は，基本的に「貯蔵施設」だけなのです。

第13条　（第1項　略）
2　届出使用者は，その貯蔵施設の位置，構造および設備を原子力規制委員会規則で定める技術上の基準に適合するように維持しなければならない。

問13　解答　4　解説　^{241}Am の下限数量が10kBq ということですので，密封された放射性同位元素の使用においては，その1,000倍の10MBq 以下のものであれば「届出」になり，10MBq を超える者の場合には「許可」が必要になります。したがって，本問の使用者（37GBq）はこれを超えていますので，「許可使用者」です。

この使用者は届出使用者ではありませんので，1は該当しません。また，軽微な変更には当たらないほどのものですので，2も5も誤りです。許可使用に係る一時的変更にも見えますが，それには，次のようなものであることが規定されていますので，これにも当たりません。

令第9条（許可使用に係る使用の場所の一時的変更の届出）より抜粋
地下検層／河床洗掘調査／展覧，展示または講習のためにする実演／機械，装置等の校正検査／物の密度，質量または組成の調査で原子力規制委員会が指定するもの

該当するものは，4の許可使用に係る変更の許可です。

問14　解答　5　解説　A　記述は誤りです。人体部位のうち基本的部位として，男性で胸部，女性で腹部を測定することに加えて，外部被ばくによる線

量が最大となるおそれのある部位について測定を行う必要があります（法第20条第2項，則第20条第2項第1号ロ）．

B　記述のとおりです．放射線測定器を用いて測定することとなっています．ただし，放射線測定器を用いて測定することが著しく困難である場合にあっては，計算によってこれらの値を算出することも許されています（法第20条第2項，則第20条第3項）．

C　記述は誤りです．管理区域に立ち入る放射線業務従事者であっても，管理区域に立ち入らない期間まで行う必要はありません．実質的に意味がありませんね（法第20条第2項，則第20条第2項第1号ホ）．

D　記述のとおりです．管理区域に一時的に立ち入る者であって放射線業務従事者でないものにあっては，その者の管理区域内における外部被ばくによる線量が100マイクロシーベルトを超えるおそれのないときは測定を要しないことになっています（法第20条第2項，則第20条第2項第1号ホ）．

問 15　解答　5　解説　法第16条（保管の基準等）第1項に係る則第17条（保管の基準）第1項からの出題です．非常に出題されやすい条項です．則第17条第1項の関係する部分を示します．

> 則第17条　許可届出使用者に係る法第16条第1項の原子力規制委員会規則で定める技術上の基準については，次に定めるところによるほか，第15条第1項第3号の規定を準用する．この場合において，同号ロ中「放射線発生装置」とあるのは「放射化物」と読み替えるものとする．
> （第1号　略）
> 二　貯蔵施設には，その貯蔵能力を超えて放射性同位元素を貯蔵しないこと．
> 三　貯蔵箱（密封された放射性同位元素を耐火性の構造の容器に入れて保管する場合には，その容器）について，放射性同位元素の保管中これをみだりに持ち運ぶことができないようにするための措置を講ずること．
> （第4～7号　略）
> 八　貯蔵施設の目につきやすい場所に，放射線障害の防止に必要な注意事項を掲示すること．
> 九　管理区域には，人がみだりに立ち入らないような措置を講じ，放射線業務従事者以外の者が立ち入るときは，放射線業務従事者の指示に従わせること．

A　則第17条第1項第2号が該当しています．
B　則第17条第1項第8号が該当しています．
C　則第17条第1項第9号が該当しています．

D　則第17条第1項第3号が該当しています。

問16　解答　4　解説 法第18条（運搬に関する確認等）第1項に係る則第18条の2（車両運搬により運搬する物に係る技術上の基準），則第18条の4（L型輸送物に係る技術上の基準），則第18条の5（A型輸送物に係る技術上の基準）からの出題です。L型輸送物は，危険性が極めて少ない放射性同位元素等として原子力規制委員会の定めるものと定義されています。

A　記述は誤りです。外接する直方体の各辺が10センチメートル以上であることという規定は，A型輸送物に係る技術上の基準です（則第18条の5第2号）。

B　記述のとおりです。開封されたときに見やすい位置に「放射性」または「RADIOACTIVE」の表示を有していることとされています。ただし書きもそのとおりです（則第18条の4第6号）。

C　記述は誤りです。これもA型輸送物に係る技術上の基準です（則第18条の5第5号）。

D　記述のとおりです。表面における1cm線量当量率の最大値が5μSv/hを超えないこととされています（則第18条の4第7号）。

問17　解答　4　解説 等価線量の算定は非常に重要ですので，その内容をよく把握しておきましょう。

A　記述は誤りです。甲状腺について等価線量を算定する必要はありません（告第20条第2項）。

B　記述のとおりです。皮膚の等価線量は，皮膚の薄さを考慮して70μm線量当量とされています（告第20条第2項第1号）。

C　記述は誤りです。妊娠中である女子の腹部の等価線量は，70μm線量当量ではなく1cm線量当量です（告第20条第2項第3号）。

D　記述のとおりです。眼の水晶体の等価線量は，1cm線量当量または70μm線量当量の算出したもののうち，適切な方とすることになっています（告第20条第2項第2号）。

問18　解答　3　解説 法第21条（放射線障害予防規程）に係る則21条（放射線障害予防規程）に関する出題です。

A　記述のとおりです。許可使用者は，放射性同位元素の使用を開始する前に，放射線障害予防規程を作成し，原子力規制委員会に届け出なければならないと，法第21条第1項で述べられています。

法令

B 記述は誤りです。届出使用者も（許可使用者等と同様に），放射線障害予防規程を作成し，「30日以内に」ではなく，使用を開始する前に原子力規制委員会に届け出なければならないと，法第20条第1項で規定されています。
C 記述のとおりです。届出使用者も（許可使用者等と同様に），放射線障害予防規程を変更したときは，変更の日から30日以内に，原子力規制委員会に届け出なければならないとされています（法第21条第3項）。
D 記述は誤りです。許可使用者は，Cの記述と同様に，変更の日から「30日以内に」，原子力規制委員会に届け出なければならないとされています（法第20条第3項）。

問19 解答 3 解説 法第26条の2（合併等）第4項の条文が出題されています。問題文が長めで読みにくくなっていますが，頑張って読みましょう。届出使用者の有する放射線施設が貯蔵施設のみであることに注意して考えましょう。

問20 解答 2 解説 法第22条（教育訓練）に係る則第21条の2（教育訓練）からの出題です。
A 記述のとおりです。放射線業務従事者に対する教育および訓練は，初めて管理区域に立ち入る前および管理区域に立ち入った後にあっては1年を超えない期間ごとに行わなければならないとされています（則第21条の2第1項第2号）。
B 記述は誤りです。初めて管理区域に立ち入る前の放射線業務従事者に対する教育および訓練の項目は，次の4項目です（則第21条の2第1項第4号）。
イ 放射線の人体に与える影響
ロ 放射性同位元素等または放射線発生装置の安全取扱い
ハ 放射性同位元素および放射線発生装置による放射線障害の防止に関する法令
ニ 放射線障害予防規程
C 記述は誤りです。取扱等業務に従事する者であって，管理区域に立ち入らないものに対する教育および訓練は，取扱等業務を開始する前および取扱等業務を開始した後にあっては3年以内ではなく，1年を超えない期間ごとに行わなければなりません（則第21条の2第1項第3号）。
D 記述のとおりです。取扱等業務に従事する者であって，管理区域に立ち入らないものに対する教育および訓練は，取扱等業務を開始する前にあって

は，項目ごとに時間数が定められています（平成3年科学技術庁告示第10号）。

問21 解答 1 解説 法第23条（健康診断）に係る則22条（健康診断）に関する出題です。

A～Cの項目については，管理区域に立ち入った後，1年を超えない期間ごとに行う健康診断においては，これらの部位や項目の検査や検診の必要性を医師の判断に委ねています。すなわち，医師の判断に任されています（法第23条第1項，則22条第1項第6号）。

しかしながら，初めて管理区域に立ち入る前に行う健康診断においても，管理区域に立ち入った後1年を超えない期間ごとに行う健康診断においても，問診（放射線の被ばく歴の有無）は必ず行わなければなりません（法第23条第1項，則22条第1項第4号および第5号イ）。

問22 解答 5 解説 法第20条（測定）第3項に係る則第20条（測定）第4項および関連する告示からの出題です。非常によく出題される箇所ですので，確実に答えられるようにしておきましょう。

A　記述は誤りです。外部被ばくによる実効線量は，3 mm線量当量ではなく，1 cm線量当量とすることとされています（告第20条第1項第1号）。

B　記述は誤りです。皮膚の等価線量は薄いものですから，3 mm線量当量ではなく，70μm線量当量とすることとされています（告第20条第2項第1号）。

C　記述のとおりです。眼の水晶体の等価線量は，1 cm線量当量または70μm線量当量のうち，適切な方とすることとされています（告第20条第2項第2号）。

D　記述のとおりです。妊娠中である女子の腹部表面の等価線量は，1 cm線量当量とすることとされています（告第20条第2項第3号）。

問23 解答 1 解説 法第25条（記帳義務）第1項に係る則第24条（記帳）第1項第1号イ～レに関する問題です。細かいことが問われています。

A　放射性同位元素等の受入れまたは払出しの年月日およびその相手方の氏名または名称は，規定されています（則第24条第1項第1号ロ）。

B　受入れまたは払出しに係る放射性同位元素等の種類および数量も，規定されています（則第24条第1項第1号イ）。

C　放射線施設に立ち入る者に対する教育および訓練の実施年月日，項目並び

に当該教育および訓練を受けた者の氏名も，記載が必要です（則第24条第1項第1号タ）。
D　則第24条第1項第1号チに「貯蔵施設における放射性同位元素および放射化物保管設備における放射化物の保管の期間，方法および場所」が規定されていますが，「保管の点検を行った者の氏名」は規定がありませんので，このDは該当しないと考えられます。

問24　解答　4　解説　A〜Dのいずれも，法第27条第1項に係る則第25条第1項に関する記述です。
A　その許可に係る放射性同位元素のすべての使用を廃止するときは，「あらかじめ」その旨を原子力規制委員会に届け出なければならない，という記述は誤りです。原子力規制委員会に「遅滞なく」届け出ることになっています。
B　「販売の業の廃止の日の30日前までに」は誤りで，原子力規制委員会に「遅滞なく」届け出ることになっています。
C　「賃貸の業の廃止の日の30日前までに」は誤りで，原子力規制委員会に「遅滞なく」届け出ることになっています。
D　記述のとおりです。表示付認証機器届出使用者が，その届出に係る表示付認証機器のすべての使用を廃止したときは，その旨を原子力規制委員会に「遅滞なく」届け出ることになっています。

問25　解答　1　解説　法第33条（危険時の措置）に係る則第29条に関連する出題です。よく出題されますので，しっかりと確認しておきましょう。
A　輸送中の車両に火災が起こり，放射性輸送物に延焼するおそれがあったので，延焼の防止に努めるとともに直ちにその旨を消防署に通報したというのは正しい行動です（法第33条第1項，則第29条第1項第1号）。
B　緊急作業にあたって，緊急作業に従事する者の線量をできる限り少なくするため，保護具を用意し，緊急作業に従事する者にこれを用いさせたというのも正しい行動です（法第33条第1項，則第29条第2項）。
C　放射性同位元素を他の場所に移す余裕があったので，これを安全な場所に移し，その場所の周囲には，縄を張り，標識等を設け，かつ，見張人をつけて関係者以外の者が立ち入ることを禁止したことも法に合致しています（法第33条第1項，則第29条第1項第5号）。
D　発生する恐れのある放射線障害の状況は，「遅滞なく」届け出なければなりません。「当面の間，健康診断を行うなど障害の有無の状況を調べ，放射

線障害の発生が確認されたときに」というのは誤りです。「実効線量限度を超えて被ばくした」ときや「そのおそれがある」ときには，その旨を直ちに，その状況およびそれに対する処置を10日以内に原子力規制委員会に報告しなければなりません。

問26 解答　5　解説　法第30条（所持の制限）およびそれに係る則第28条（所持の制限）に関する問題です。所持の制限の問題では，必ずとはいえませんが，「ABCD すべて」が正解であることが非常に多くなっています。だからといって，このことだけで答えを選んでしまってはいけませんが，おそらく誤った記述が作りにくいのでしょう。

A　届出賃貸業者から放射性同位元素の運搬を委託された者は，その委託を受けた放射性同位元素を所持することができます（法第30条第1項第11号）。

B　届出販売業者は，その届け出た種類の放射性同位元素を，運搬のために所持することができます（法第30条第1項第3号）。

C　許可使用者は，その許可証に記載された種類の放射性同位元素をその許可証に記載された貯蔵施設の貯蔵能力の範囲内で所持することができます（法第30条第1項第1号）。

D　届出使用者は，その届出に係る放射性同位元素のすべての使用を廃止したときは，その廃止した日に所持していた放射性同位元素を，使用の廃止の日から30日間所持することができます（法第30条第1項第7号，則第28条）。

問27 解答　4　解説　法第34条（放射線取扱主任者）に係る則第30条（放射線取扱主任者の選任）および法第37条（放射線取扱主任者の代理者）に係る則第33条（放射線取扱主任者の代理者の選任等）からの出題です。放射線取扱主任者の選任についても非常によく出題されますので，よく押さえておきましょう。

A　誤りです。たとえ3日であったとしても，放射線取扱主任者の不在の場合には，放射性同位元素の使用を続けるならば，その代理者を選任しなければなりません（法第37条第1項，則第33条第1項第4号）。

B　誤りです。放射線取扱主任者免状を有していない医師を放射線取扱主任者として選任できるのは，診療目的の場合に限られます。本問の場合には研究目的ということなので，違法です（法第37条第2項）。

C　正しい対応です。放射線取扱主任者がその職務を遂行できない場合には，代理者の選任は必ず必要です（法第37条第1項，則第33条第1項第4号）。また，放射線取扱主任者がその職務を遂行できない期間が30日以上の場合に

法令

は，代理者の選任届も（選任の日から30日以内に）提出する必要があります（法第37条第3項，則第33条第4項）。また，届出使用者ですので，第2種放射線取扱主任者免状を有する者を選任することは適法です（法第37条第2項，法第34条第1項第3号）。

D　正しい対応です。放射線取扱主任者がその職務を遂行できない期間が30日未満ですので，代理者の選任は必要ですが，その届は不要です。適法です（法第37条第1項，則第33条第1項第4号）。

問28 解答 5 解説 法第29条（譲渡し，譲受け等の制限）に関する出題です。法第29条では，輸出や貸し付け，借り受けなどについても規定しています。

A　届出使用者は，その届け出た種類の放射性同位元素を輸出することができます（法第29条第1項第2号）。

B　届出賃貸業者は，その届け出た種類の放射性同位元素を輸出することができます（法第29条第1項第3号および第4号）。

C　届出販売業者は，その届け出た種類の放射性同位元素を輸出することができます（法第29条第1項第3号および第4号）。

D　許可使用者は，その許可証に記載された種類の放射性同位元素を輸出することができます（法第29条第1項第1号）。

問29 解答 2 解説 法第36条の2（定期講習）第1項に係る則第32条（定期講習）第1項からの出題です。

A　該当します。表示付認証機器のみを賃貸する届出賃貸業者は放射線取扱主任者に定期講習を受講させなくてもよいのですが，これと密封された放射性同位元素も賃貸している届出賃貸業者であれば，放射線取扱主任者に定期講習を受講させなければなりません（則第32条第1項第2号）。

B　該当しません。表示付認証機器のみを販売している届出販売業者は，放射線取扱主任者に定期講習を受講させなくても構いません（法第36条の2第1項，則第32条第1項第2号）。

C　該当しません。表示付認証機器届出使用者は，放射線取扱主任者の選任義務を負いません（法第34条第1項）。

D　該当します。1個当たりの数量が5テラベクレルの密封された放射性同位元素のみを使用している許可使用者は，放射線取扱主任者に定期講習を受講させなければなりません（法第36条の2第1項，則第32条第1項第1号）。

問 30 解答 3 **解説** 法第42条（報告徴収）第1項に係る則第39条（報告の徴収）からの出題です。

A 記述のとおりです。放射性同位元素の盗取または所在不明が生じたときは，その旨を直ちに，その状況およびそれに対する処置を10日以内に原子力規制委員会に報告しなければなりません（則第39条第1項第1号）。

B 記述は誤りです。放射線業務従事者について放射性同位元素の使用における計画外の被ばくがあったときであって，当該被ばくに係る実効線量が「0.5mSv」ではなく「5 mSv」を超え，または超えるおそれのあるときは，その旨を直ちに，その状況およびそれに対する処置を10日以内に原子力規制委員会に報告しなければなりません（則第39条第1項第7号）。

C 記述は誤りです。このような放射線業務従事者の健康診断報告書を提出するという法的規定はありません。

D 記述のとおりです。放射線管理状況報告書を毎年4月1日からその翌年の3月31日までの期間について作成し，当該期間の経過後3月以内に原子力規制委員会に提出しなければなりません（則第39条第3項）。

以上で終了です。
お疲れさまでした！

MEMO

MEMO

MEMO

MEMO

著者紹介

福井 清輔（ふくい せいすけ）

略歴と資格

福井県出身，工学博士，東京大学工学部卒業，東京大学大学院修了

主な著作

「わかりやすい 第1種放射線取扱主任者 合格テキスト」（弘文社）
「わかりやすい 第2種放射線取扱主任者 合格テキスト」（弘文社）
「実力養成！第1種放射線取扱主任者 重要問題集」（弘文社）
「実力養成！第2種放射線取扱主任者 重要問題集」（弘文社）
「第2種放射線取扱主任者 実戦問題集」（弘文社）＊本書
「わかりやすい エックス線作業主任者試験 合格テキスト」（弘文社）

第2種放射線取扱主任者 実戦問題集

著　者	福井　清輔
印刷・製本	亜細亜印刷㈱

発 行 所	株式会社 弘文社	〒546-0012　大阪市東住吉区中野2丁目1番27号 ☎　(06)6797－7441 FAX　(04)6702－4732 振替口座　00940－2－43630 東住吉郵便局私書箱1号
代 表 者	岡﨑　　達	

ご注意
(1) 本書は内容について万全を期して作成いたしましたが、万一ご不審な点や誤り、記載もれなどお気づきのことがありましたら、当社編集部まで書面にてお問い合わせください。その際は、具体的なお問い合わせ内容と、ご氏名、ご住所、お電話番号を明記の上、FAX、電子メール (henshu1@kobunsha.org) または郵送にてお送りください。
(2) 本書の内容に関して適用した結果の影響については、上項にかかわらず責任を負いかねる場合がありますので予めご了承ください。
(3) 落丁・乱丁本はお取り替えいたします。